JN492146

NCS 적용교육

CRATIVE UP STYLE

크리에이티브 업스타일

메디시안

머리말

이 책은 앞으로 능력중심 사회의 인재 양성을 위하여 국가직무능력표준(NCS: National Competency Standards)을 적용, 산업현장에 필요한 교육을 진행하기 위한 의도에서 집필되었습니다.

책의 구성은 NCS 능력단위 중 하나인 크리에이티브 업스타일의 이론과 실습〈1201010147_17v4〉을 보다 쉽게 이해하고 실행할 수 있도록 크리에이티브 업스타일 준비하기 〈1201010147_17v4.1〉, 크리에이티브 업스타일 진행하기 〈1201010147_17v4.2〉, 크리에이티브 업스타일 마무리하기 〈1201010147_17v4.3〉 등을 다양한 사진과 함께 자세히 설명하여 학생들이 쉽게 이해하도록 하였습니다.

이 책의 내용들을 습득하면 현장에서 요구하는 인재가 될 것임을 확신합니다.

이 분야의 새로운 학습 모듈이 제시되는 등 급변하는 트렌드에 맞추어 연구를 게을리 하지 않을 것을 약속드리며, 교수님들의 지도와 성원을 부탁드립니다.

아울러, 이 책이 성공적으로 제작될 수 있도록 적극적으로 도와주신 선생님들과 메디시언 임직원들에게도 감사의 마음을 전합니다.

2019년 새 봄에

필자 대표 박 은 준

차례

머리말 • 3

Chapter 1. NCS 적용 크리에이티브 업스타일

1. 교과목 프로파일 ······ 10
2. NCS 적용 강의 계획서 ······ 12
3. 학생 자가진단 및 교수 평가 ······ 17

Chapter 2. NCS 적용 크리에이티브 업스타일 이론

1주_ 크리에이티브 업스타일 이론

1. 고객 특성 파악 및 이미지 분석 ······ 20
2. 업스타일 도구 및 제품 ······ 26

2주_ 크리에이티브 업스타일 이론

1. 볼륨의 이해 ······ 30
2. 질감의 이해 ······ 34

3주_ 크리에이티브 업스타일 이론

1. 프런트 디자인의 이해 ······ 36
2. 싱, 망의 활용 ······ 38

Contents

4주_ 크리에이티브 업스타일 이론

1. 상위 스타일의 이해 ········· 42
2. 하위 스타일의 이해 ········· 43

Chapter 3. 크리에이티브 업스타일 실습

5주_ 크리에이티브 업스타일 실습

1. 상위 업스타일 준비하기 (1) ········· 46
2. 상위 업스타일 진행하기 (1) ········· 47
3. 상위 업스타일 마무리하기 (1) ········· 51

6주_ 크리에이티브 업스타일 실습

1. 상위 업스타일 준비하기 (2) ········· 52
2. 상위 업스타일 진행하기 (2) ········· 53
3. 상위 업스타일 마무리하기 (2) ········· 57

7주_ 크리에이티브 업스타일 실습

1. 상위 업스타일 준비하기 (3) ········· 58
2. 상위 업스타일 진행하기 (3) ········· 59
3. 상위 업스타일 마무리하기 (3) ········· 63

차례

8주_ 크리에이티브 업스타일 실습

1. 상위 업스타일 준비하기 (4) ······ 64
2. 상위 업스타일 진행하기 (4) ······ 65
3. 상위 업스타일 마무리하기 (4) ······ 69

9주_ 크리에이티브 업스타일 실습

1. 하위 업스타일 준비하기 (1) ······ 70
2. 하위 업스타일 진행하기 (1) ······ 71
3. 하위 업스타일 마무리하기 (1) ······ 75

10주_ 크리에이티브 업스타일 실습

1. 하위 업스타일 준비하기 (2) ······ 76
2. 하위 업스타일 진행하기 (2) ······ 77
3. 하위 업스타일 마무리하기 (2) ······ 81

11주_ 크리에이티브 업스타일 실습

1. 하위 업스타일 준비하기 (3) ······ 82
2. 하위 업스타일 진행하기 (3) ······ 83
3. 하위 업스타일 마무리하기 (3) ······ 87

12주_ 크리에이티브 업스타일 실습

1. 하위 업스타일 준비하기 (4) ······ 88
2. 하위 업스타일 진행하기 (4) ······ 89
3. 하위 업스타일 마무리하기 (4) ······ 93

Contents

13주_ 크리에이티브 업스타일 실습

1. 다운 업스타일 준비하기 (1) ····· 94
2. 다운 업스타일 진행하기 (1) ····· 95
3. 다운 업스타일 마무리하기 (1) ····· 99

14주_ 크리에이티브 업스타일 실습

1. 다운 업스타일 준비하기 (2) ····· 100
2. 다운 업스타일 진행하기 (2) ····· 101
3. 다운 업스타일 마무리하기 (2) ····· 104

15주_ 크리에이티브 업스타일 실습

1. 다운 업스타일 준비하기 (3) ····· 105
2. 다운 업스타일 진행하기 (3) ····· 106
3. 다운 업스타일 마무리하기 (3) ····· 110

16주_ 크리에이티브 업스타일 실습

1. 헤어액세서리 만들기 (1) ····· 111
2. 헤어액세서리 만들기 (2) ····· 114
3. 헤어액세서리 만들기 (3) ····· 116
4. 헤어액세서리 만들기 (4) ····· 119

- 수행평가 • 121
- 포트폴리오 • 127
  - 참고문헌 • 181
  - 찾아보기 • 182

Chapter 1

NCS 적용 크리에이티브 업스타일

1 교과목 프로파일

2 NCS 적용 강의 계획서

3 학생 자가진단 및 교수 평가

Chapter 01

NCS 적용 크리에이티브 업스타일

교과목 프로파일

1. 교과목 PROFILE

대분류	중분류	소문류	세분류
이용 · 숙박 · 여행 · 오락 · 스포츠	이 · 미용	이 · 미용서비스	헤어 미용
능력단위 명칭 〈코드〉	크리에이티브 업스타일 〈1201010147_17v4〉		
학습모듈 명칭 〈코드〉	크리에이티브 업스타일 준비하기 〈1201010147_17v4.1〉 크리에이티브 업스타일 진행하기 〈1201010147_17v4.2〉 크리에이티브 업스타일 마무리하기 〈1201010147_17v4.3〉		
능력단위 수준	5수준		
능력단위 정의	크리에이티브 업스타일이란 업스타일에 사용되는 헤어액세서리와 피스를 손질하고 활용하여 창의적인 업스타일 디자인을 완성하는 능력이다.		
교과목표	업스타일에 사용되는 헤어액세서리와 피스를 손질하고 활용하여 창의적인 업스타일 디자인을 완성하는 능력을 함양한다.		
교과내용			관련 능력단위요소
1.1 고객의 특성과 상황을 고려하여 업스타일 볼륨의 위치를 결정할 수 있다. 1.2 디자인 연출에 필요한 업스타일 도구 및 재료를 선택하여 준비할 수 있다. 1.3 업스타일 디자인 연출에 필요한 사전작업 도구를 선택하여 준비할 수 있다.			1201010147_17v4.1 크리에이티브 업스타일 준비하기
2.1 업스타일 디자인에 필요한 사전작업을 할 수 있다. 2.2 볼륨의 위치에 따른 업스타일 디자인 연출방법을 결정할 수 있다. 2.3 다양한 업스타일 기술과 제품을 활용하여 창의적인 업스타일을 연출할 수 있다.			1201010147_17v4.2 크리에이티브 업스타일 진행하기

<table>
<tr><td colspan="3">3.1 헤어액세서리와 소품을 활용하여 디자인을 마무리할 수 있다.
3.2 디자인의 균형과 조화의 완성도를 높일 수 있도록 보정할 수 있다.
3.3 헤어액세서리와 피스, 소품을 손질하여 보관할 수 있다.</td><td colspan="8">1201010147_17v4.3
크리에이티브
업스타일 마무리하기</td></tr>
<tr><td>교육방법</td><td colspan="10">강의법, 실험실습법, AI 교수법, 문제해결식 수업</td></tr>
<tr><td>평가시 고려사항</td><td colspan="10">• 수행준거에 따른 지식 · 기술 · 태도의 습득 능력
• 베이스 폭과 각도 및 방향에 따른 형태 차이에 대한 인식정도
• 완성된 헤어스타일의 균형
• 헤어스타일 연출도구 및 제품사용의 적정성
• 헤어스타일 연출의 창의성
• 헤어액세서리 및 피스의 손질, 활용의 적정성
• 고객만족도</td></tr>
<tr><td>작업기초능력</td><td colspan="10">의사소통능력, 수리능력, 문제해결능력, 자원관리능력, 대인관계능력, 기술능력</td></tr>
<tr><td colspan="3" rowspan="2">교과내용(대단원)</td><td colspan="8">평가방법</td></tr>
<tr><td>A</td><td>C</td><td>F</td><td>G</td><td>H</td><td>I</td><td>L</td><td>M</td></tr>
<tr><td rowspan="3">크리에이티브
업스타일
준비하기</td><td colspan="2">업스타일 디자인 연출에 필요한 사전작업 도구를 선택하여 준비할 수 있다.</td><td></td><td></td><td></td><td></td><td></td><td></td><td></td><td></td></tr>
<tr><td colspan="2">고객의 특성과 상황을 고려하여 업스타일 볼륨의 위치를 결정할 수 있다.</td><td></td><td></td><td></td><td></td><td></td><td></td><td></td><td></td></tr>
<tr><td colspan="2">디자인 연출에 필요한 업스타일 도구 및 재료를 선택하여 준비할 수 있다.</td><td></td><td></td><td></td><td></td><td></td><td></td><td></td><td></td></tr>
<tr><td rowspan="3">크리에이티브
업스타일
진행하기</td><td colspan="2">볼륨의 위치에 따른 업스타일 디자인 연출 방법을 결정할 수 있다.</td><td></td><td></td><td></td><td></td><td></td><td></td><td></td><td></td></tr>
<tr><td colspan="2">업스타일 디자인에 필요한 사전작업을 할 수 있다.</td><td></td><td></td><td></td><td></td><td></td><td></td><td></td><td></td></tr>
<tr><td colspan="2">다양한 업스타일 기술과 제품을 활용하여 창의적인 업스타일을 연출할 수 있다.</td><td></td><td></td><td></td><td></td><td></td><td></td><td></td><td></td></tr>
<tr><td rowspan="3">크리에이티브
업스타일
마무리하기</td><td colspan="2">헤어액세서리와 소품을 활용하여 디자인을 마무리할 수 있다.</td><td></td><td></td><td></td><td></td><td></td><td></td><td></td><td></td></tr>
<tr><td colspan="2">디자인의 균형과 조화의 완성도를 높일 수 있도록 보정할 수 있다.</td><td></td><td></td><td></td><td></td><td></td><td></td><td></td><td></td></tr>
<tr><td colspan="2">헤어액세서리와 피스, 소품을 손질하여 보관할 수 있다.</td><td></td><td></td><td></td><td></td><td></td><td></td><td></td><td></td></tr>
<tr><td colspan="11">A. 포트폴리오 C. 서술형 시험 F. 평가자 질문 G. 평가자 체크리스트
H. 피평가자 체크리스트 I. 일지/저널 L. 작업장평가 M. 기타</td></tr>
</table>

2. NCS 적용 강의 계획서

<table>
<tr><td>학습환경</td><td colspan="4">헤어 실습실</td><td colspan="3">학습자료</td><td colspan="3">교재</td></tr>
<tr><td>실습장비 및 재료</td><td colspan="10">거울과 의자, 블로우 드라이어, 헤어 매직기, 전기 헤어세트롤러, 일반 헤어세트롤러, 업스타일용 도구 일체, 마네킹 홀더</td></tr>
<tr><td rowspan="3">교재 및 참고도서</td><td colspan="2">구분</td><td colspan="2">교재명</td><td colspan="2">저자</td><td colspan="2">출판사</td><td colspan="2">출판년도</td></tr>
<tr><td colspan="2">주 교재</td><td colspan="2">NCS 적용교육
크리에이티브
업스타일</td><td colspan="2">박은준 외</td><td colspan="2">메디시언</td><td colspan="2">2018</td></tr>
<tr><td colspan="2">참고도서</td><td colspan="8"></td></tr>
<tr><td rowspan="2">수업진행 방식</td><td colspan="2">이론강의</td><td colspan="2">실습</td><td>발표</td><td>토론</td><td>팀
프로젝트</td><td>현장견학</td><td colspan="2">코칭 · 티칭
등 기타</td></tr>
<tr><td colspan="2">√</td><td colspan="2">√</td><td></td><td></td><td></td><td></td><td colspan="2"></td></tr>
<tr><td rowspan="3">평가방법</td><td>A</td><td>C</td><td>F</td><td>G</td><td>H</td><td>I</td><td>L</td><td>M</td><td>출석</td><td>계(%)</td></tr>
<tr><td></td><td></td><td></td><td></td><td></td><td></td><td></td><td></td><td></td><td></td></tr>
<tr><td colspan="10">A. 포트폴리오 C. 서술형 시험 F. 평가자 질문 G. 평가자 체크리스트
H. 피평가자 체크리스트 I. 일지/저널 L. 작업장평가 M. 기타</td></tr>
<tr><td rowspan="3">수행준거
(평가내용)</td><td colspan="10">〈 크리에이티브 업스타일 준비하기 〉
1.1 고객의 특성과 상황을 고려하여 업스타일 볼륨의 위치를 결정할 수 있다.
1.2 디자인 연출에 필요한 업스타일 도구 및 재료를 선택하여 준비할 수 있다.
1.3 업스타일 디자인 연출에 필요한 사전작업 도구를 선택하여 준비할 수 있다</td></tr>
<tr><td colspan="10">〈 크리에이티브 업스타일 진행하기 〉
2.1 업스타일 디자인에 필요한 사전작업을 할 수 있다.
2.2 볼륨의 위치에 따른 업스타일 디자인 연출방법을 결정할 수 있다.
2.3 다양한 업스타일 기술과 제품을 활용하여 창의적인 업스타일을 연출할 수 있다.</td></tr>
<tr><td colspan="10">〈 크리에이티브 업스타일 마무리하기 〉
3.1 헤어액세서리와 소품을 활용하여 디자인을 마무리할 수 있다.
3.2 디자인의 균형과 조화의 완성도를 높일 수 있도록 보정할 수 있다.
3.3 헤어액세서리와 피스, 소품을 손질하여 보관할 수 있다.</td></tr>
</table>

강의계획서			
교과목명 〈코드〉	크리에이티브 업스타일 〈1201010147_17v4〉		
이수구분	이수시간	학점	학년/학기
강의실		요일	
담당교수		연구실	
연락처		E-mail	
NCS 세분류	크리에이티브 업스타일 〈1201010147_17v4〉		
능력단위 요소명 〈코드〉	크리에이티브 업스타일 준비하기 〈1201010147_17v4.1〉 크리에이티브 업스타일 진행하기 〈1201010147_17v4.2〉 크리에이티브 업스타일 마무리하기 〈1201010147_17v4.3〉		
학습모듈 명칭 〈코드〉	크리에이티브 업스타일 준비하기 〈1201010147_17v4.1〉 크리에이티브 업스타일 진행하기 〈1201010147_17v4.2〉 크리에이티브 업스타일 마무리하기 〈1201010147_17v4.3〉		
인력양성 유형	헤어디자인_L5	관련자격증	과정평가형
교과개요	크리에이티브 업스타일이란 업스타일에 사용되는 헤어액세서리와 피스를 손질하고 활용하여 창의적인 업스타일디자인을 완성하는 능력이다.		
교과목표	업스타일에 사용되는 헤어액세서리와 피스를 손질하고 활용하여 창의적인 업스타일디자인을 완성하는 능력을 함양한다.		
지식(K)	• 업스타일에 필요한 디자인 요소와 원리에 관한 지식 • 업스타일을 위한 사전작업에 대한 지식 • 헤어피스 종류와 손질 및 활용에 관한 지식 • 헤어액세서리 제작과 활용에 관한 지식 • 업스타일의 다양한 연출기법에 관한 지식 • 헤어 싱, 헤어 망의 활용법 • 헤어피스와 헤어액세서리의 활용법 • 헤어스타일링 제품의 특성과 사용에 관한 지식 • 헤어스타일 연출과 디자인에 관한 지식 • 업스타일 디자인 균형과 조화에 관한 지식 • 헤어액세서리, 피스, 소품의 손질과 보관에 관한 지식		
기술(S)	• 고객의 특성에 따른 업스타일 디자인 능력 • 업스타일에 필요한 사전작업기술 • 다양한 헤어피스를 손질하고 활용하는 능력 • 디자인에 맞는 헤어액세서리를 제작하고 활용하는 능력 • 고객의 특성에 따른 업스타일을 연출할 수 있는 능력 • 헤어 싱, 헤어 망을 활용하는 기술 • 헤어피스와 헤어액세서리의 활용 기술		

기술(S)	• 헤어스타일링 제품의 활용 기술 • 디자인의 균형을 확인하고 보정할 수 있는 기술 • 헤어액세서리, 피스, 소품을 손질하고 보관하는 기술 • 고객만족을 확인하고 업스타일디자인을 조화롭게 완성할 수 있는 능력
태도(A)	• 균형과 조화를 고려하는 자세 • 디자인의 창의성과 완성도 높이려는 자세 • 고객의 불편을 확인하고 대처하는 태도 • 고객만족을 위해 노력하는 태도 • 전체적인 균형과 구도를 이해하려는 태도 • 두피를 자극하지 않도록 주의하는 자세 • 디자인의 창의성과 완성도를 높이려는 태도 • 고객의 불편을 확인하고 대처하는 자세 • 고객만족을 위해 노력하는 태도 • 디자인의 완성도를 높이려는 자세

주차별 강의계획서					
주차	학습내용 (단원명)	수업(수행)목표	수업 방식	수업 매체 및 자료	평가
1	크리에이티브 업스타일 이론	• 고객의 특성 파악 및 이미지 분석을 할 수 있다. • 업스타일의 도구 및 제품을 이해할 수 있다.	강의	교재	
2	크리에이티브 업스타일 이론	• 볼륨을 이해할 수 있다. • 질감을 이해할 수 있다.	강의	교재	
3	크리에이티브 업스타일 이론	• 프런트 디자인을 이해할 수 있다. • 싱, 망을 활용할 수 있다.	강의	교재	
4	크리에이티브 업스타일 이론	• 상위 스타일을 이해할 수 있다. • 하위 스타일을 이해할 수 있다.	강의	교재	1차 (서술형 시험)
5	크리에이티브 업스타일 실습	• 상위 업스타일을 준비할 수 있다.(1) • 상위 업스타일을 진행할 수 있다.(1) • 상위 업스타일을 마무리할 수 있다.(1)	강의	교재	
6	크리에이티브 업스타일 실습	• 상위 업스타일을 준비할 수 있다.(2) • 상위 업스타일을 진행할 수 있다.(2) • 상위 업스타일을 마무리할 수 있다.(2)	강의, 실습	교재	
7	크리에이티브 업스타일 실습	• 상위 업스타일을 준비할 수 있다.(3) • 상위 업스타일을 진행할 수 있다.(3) • 상위 업스타일을 마무리할 수 있다.(3)	강의, 실습	교재	
8	크리에이티브 업스타일 실습	• 상위 업스타일을 준비할 수 있다.(4) • 상위 업스타일을 진행할 수 있다.(4) • 상위 업스타일을 마무리할 수 있다.(4)	강의, 실습	교재	
9	크리에이티브 업스타일 실습	• 하위 업스타일을 준비할 수 있다.(1) • 하위 업스타일을 진행할 수 있다.(1) • 하위 업스타일을 마무리할 수 있다.(1)	강의, 실습	교재	

10	크리에이티브 업스타일 실습	• 하위 업스타일을 준비할 수 있다.(2) • 하위 업스타일을 진행할 수 있다.(2) • 하위 업스타일을 마무리할 수 있다.(2)	강의, 실습	교재	
11	크리에이티브 업스타일 실습	• 하위 업스타일을 준비할 수 있다.(3) • 하위 업스타일을 진행할 수 있다.(3) • 하위 업스타일을 마무리할 수 있다.(3)	강의, 실습	교재	
12	크리에이티브 업스타일 실습	• 하위 업스타일을 준비할 수 있다.(4) • 하위 업스타일을 진행할 수 있다.(4) • 하위 업스타일을 마무리할 수 있다.(4)	강의, 실습	교재	
13	크리에이티브 업스타일 실습	• 다운 업스타일을 준비할 수 있다.(1) • 다운 업스타일을 진행할 수 있다.(1) • 다운 업스타일을 마무리할 수 있다.(1)	강의, 실습	교재	
14	크리에이티브 업스타일 실습	• 다운 업스타일을 준비할 수 있다.(2) • 다운 업스타일을 진행할 수 있다.(2) • 다운 업스타일을 마무리할 수 있다.(2)	강의, 실습	교재	3차 (포트폴리오)
15	크리에이티브 업스타일 실습	• 다운 업스타일을 준비할 수 있다.(3) • 다운 업스타일을 진행할 수 있다.(3) • 다운 업스타일을 마무리할 수 있다.(3)	강의, 실습	교재	2차 (평가자 체크리스트)
16	크리에이티브 업스타일 실습	• 헤어액세서리를 만들 수 있다.(1) • 헤어액세서리를 만들 수 있다.(2) • 헤어액세서리를 만들 수 있다.(3) • 헤어액세서리를 만들 수 있다.(4)	강의, 실습	교재	

3. 학생 자가진단 및 교수 평가

능력단위명 〈코드〉	크리에이티브 업스타일 〈1201010147_17v4〉										
진단 영역	진단문항	학생 평가					교수 평가				
		매우 미흡	미흡	보통	우수	매우 우수	매우 미흡	미흡	보통	우수	매우 우수
크리에이티브 업스타일 준비하기	1. 나는 고객의 특성과 상황을 고려하여 상위양감 스타일을 디자인할 수 있다.	①	②	③	④	⑤	①	②	③	④	⑤
	2. 나는 업스타일을 위한 사전작업(헤어 세트, 드라이, 마샬 웨이브 등)을 할 수 있다.	①	②	③	④	⑤	①	②	③	④	⑤
	3. 나는 다양한 기법을 활용하여 두상 및 업스타일의 볼륨을 창의적으로 연출할 수 있다.	①	②	③	④	⑤	①	②	③	④	⑤
	4. 나는 헤어 싱, 헤어 망, 헤어피스, 헤어액세서리를 활용하여 상위양감을 연출할 수 있다.	①	②	③	④	⑤	①	②	③	④	⑤
	5. 나는 업스타일에 사용되는 헤어액세서리와 피스를 손질하고 디자인에 활용할 수 있다.	①	②	③	④	⑤	①	②	③	④	⑤
크리에이티브 업스타일 진행하기	1. 나는 고객의 특성과 상황을 고려하여 하위양감 스타일을 디자인할 수 있다.	①	②	③	④	⑤	①	②	③	④	⑤
	2. 나는 하위양감을 위한 사전작업(헤어 세트, 드라이, 마샬 웨이브 등)을 할 수 있다.	①	②	③	④	⑤	①	②	③	④	⑤
	3. 나는 헤어 싱, 헤어 망, 헤어 피스, 헤어액세서리를 활용하여 하위양감을 연출할 수 있다.	①	②	③	④	⑤	①	②	③	④	⑤
	4. 나는 내추럴한 다운스타일로 하위양감을 연출할 수 있다.	①	②	③	④	⑤	①	②	③	④	⑤

크리에이티브 업스타일 마무리하기	1. 나는 헤어스타일링 제품을 사용하여 업스타일을 마무리할 수 있다.										
	2. 나는 헤어액세서리와 소품을 활용하여 디자인을 조화롭게 마무리할 수 있다.										
	3. 나는 디자인의 균형과 조화를 체크하고 보정할 수 있다.										
	4. 나는 헤어액세서리와 피스, 소품을 손질하여 보관할 수 있다.										

[교수자 피드백]

Chapter 2

NCS 적용 크리에이티브 업스타일 이론

1주 크리에이티브 업스타일 이론

2주 크리에이티브 업스타일 이론

3주 크리에이티브 업스타일 이론

4주 크리에이티브 업스타일 이론

Chapter 02

크리에이티브 업스타일 이론

1 st week

학습 내용(단원명)	수업 목표
크리에이티브 업스타일 이론	• 고객의 특성 파악 및 이미지 분석을 할 수 있다. • 업스타일의 도구 및 제품을 이해할 수 있다.

1. 고객의 특성 파악 및 이미지 분석

1. 고객의 특성 파악

업스타일(Up Style)은 진행하기에 앞서 고객에 대한 특성이 명확하게 파악되지 않는다면 아름다운 헤어스타일을 연출할 수가 없다. 우선 고객 내 외의 정보와 감성까지 파악하고 우선시 되어야 할 점을 고려하여 상황에 맞게 설정한 후 디자인 작업을 들어가는 것이 스타일의 완성도를 높일 수 있다.

(1) 외부특성

패션에도 때와 장소에 따라 격식이 있는 것과 마찬가지로 헤어스타일도 때와 장소에 맞는 스타일이 연출되어야 한다. 헤어스타일도 때와 장소, 분위기 등에 따라 섬세한 판단이 요구되기 때문에 고객에 대한 정보를 정확하게 파악할 필요가 있다.

목적	결혼식, 약혼식, 발표회, 잔치(파티), 모임, 면접 등
의상	한복, 드레스, 정장 등
장소	야외, 식장, 호텔, 무대 등
기타	날씨, 계절, 주 · 야 등

(2) 내부특성

사람은 천차만별의 차이를 갖고 있는 만큼 고객의 정확한 특성을 찾아내어 디자인의 기초로 삼을 수 있어야 한다.

모발의 조건	길이, 탄력, 모량, 커트, 웨이브, 목선 상태 등
체형, 얼굴형, 연령	개인의 스타일과 취향 등

2. 고객 이미지 분석

(1) 이미지 조사표

NO.　　　년　월　일　　　고객님

<table>
<tr><th colspan="2">문 항</th></tr>
<tr><td>1. 당신이 제일 좋아하는 색은?
① 토속적인 자연의 색조
② 중간의 차분한 색
③ 흑, 백, 회색과 같은 무채색과 감색의 수수한 색
④ 귀여운 파스텔 톤의 색
⑤ 원색적이면서 생기있고 명확한 색</td><td>2. 당신이 좋아하는 소재?
① 진, 면직, 면 셔츠 등 간단히 세탁할 수 있는 것
② 실크와 같이 가볍고 재질이 좋은 것
③ 트위드(직물), 울 등 편안하고 전통적인 것
④ 실크, 조젯 등과 같이 낙낙하게 입는 옷
⑤ 수가 장식된 옷이나 가죽 및 금속직물 등 특별난 소재와 조합</td></tr>
<tr><td>3. 당신이 좋아하는 헤어스타일은?
① 캐주얼에 인위적이지 않은 스타일
② 손질되어 깔끔하게 정돈된 스타일
③ 약간의 웨이브에 일반적인 스타일
④ 웨이브가 있고 볼륨있는 스타일
⑤ 개성적인 샤프한 커트</td><td>4. 당신이 좋아하는 메이크업은?
① 색을 사용하지 않은 자연스런 메이크업
② 얇은 화장에 품위 있는 메이크업
③ 최소한의 메이크업
④ 귀엽고 화려한 메이크업
⑤ 입체감 있는 강조된 메이크업</td></tr>
<tr><td>5. 당신이 좋아하는 패션은?
① 착용감이 좋은 편안한 느낌
② 가볍고 시크한 디자인
③ 깔끔한 정장
④ 여성적인 디자인
⑤ 샤프한 라인의 독특한 디자인</td><td>6. 제일 당신같은 이미지는?
① 격식에 매이지 않는 솔직한 느낌
② 조용하면서 상냥한 느낌
③ 빈틈없는 성격
④ 우아하면서 여성스런 느낌
⑤ 대담하고 눈에 띄는 이미지</td></tr>
<tr><td>7. 당신이 평상시 입는 옷의 스타일은?
① 티셔츠+청바지
② 깔끔한 정장
③ 쟈켓+스커트 또는 반바지
④ 소프트한 블라우스 + 플레어드 스커트
⑤ 직선적인 라인의 개성있는 조합</td><td>8. 잘 차려입어야 할 때의 좋아하는 패션은?
① 면과 니트 소재의 조합
② 실크의 드레스와 투피스
③ 정장
④ 공주타입의 드레스
⑤ 기발한 조합</td></tr>
</table>

9. 당신이 좋아하는 액세서리는? ① 수공제품이나 토속적인 것 ② 진주 등 작은 액세서리 ③ 깔끔하고 심플한 것 ④ 귀엽고 큰 우아한 것 ⑤ 대담한 디자인에 크고 독특한 것	10. 당신이 좋아하는 핸드백은? ① 디자인보다는 많이 들어가는 것 ② 작고 깜찍한 것 ③ 심플한 비즈니스 타입 ④ 부드러운 가죽의 소프트한 것 ⑤ 크고 독특한 디자인
11. 자신을 어떤 타입이라고 생각합니까? ① 거침없는 자유스런 타입 ② 품위가 느껴지는 무게 있는 타입 ③ 수완이 있는 타입 ④ 꿈꾸는 타입 ⑤ 남들 눈에 띄는 타입	12. 어떨 때 즐거움을 느낍니까? ① 태양 아래 스포츠를 하고 있을 때 ② 남의 이야기를 듣고 있을 때 ③ 자신의 재능과 능력을 인정받을 때 ④ 친구들과 즐거운 시간을 보낼 때 ⑤ 남들의 시선을 받을 때
13. 장래의 희망은? ① 하고 싶은 일을 하면서 인생을 즐기는 파 ② 평온하고 착실한 견실파 ③ 리더적 존재의 실력파 ④ 인간 관계를 중요하게 생각하고 따뜻한 가정을 만드는 온건파 ⑤ 스타성이 있는 야심파	14. 당신이 해 보고 싶은 직업은? ① 방송 관계, 편집, 카피 라이터 ② 비서, 번역가 ③ 교사, 팀 리더 ④ 유아 용품점, 책방, 꽃집 ⑤ 디자이너, 스타일리스트

※ ①-내추럴 ( )개 ②-엘레강스 ( )개 ③-클래식 ( )개
④-로맨틱 ( )개 ⑤-드라마틱 ( )개

(2) 이미지 체크표 ①

NO.　　　년　월　일　　　고객님

선 종류 / 성격	구심적	원심적	기하 직선	자유 직선	기하 곡선	자유 곡선
내추럴						
엘레강스						
클래식						
로맨틱						
드라마틱						
아주 젊음						
활발						
개방적						
화려함						
대담						
어른스런						
침착						
화사함						
우아						
품위						
지적						
기품						
신비적						
자연스러움						
건강한						
가냘픈						
날씬함						
섬세						
상냥						
평온						
안정						
따뜻함						
밝음						
강한 의지						
와일드						
섹시						
시크						
샤프						
스마트						
차밍						

※ 고객의 이미지가 어떠한가에 따라 ◎–강조, ○–보통으로 표시를 하면서 체크한다.

(3) 이미지 체크표 ①

NO.　　　년　월　일　　　고객님

선 종류 / 성격	질감		시봉의 위치			밸런스	
	깔끔	자연스러움	상	중	하	대칭	비대칭
내추럴							
엘레강스							
클래식							
로맨틱							
드라마틱							
아주 젊음							
활발							
개방적							
화려함							
대담							
어른스런							
침착							
화사함							
우아							
품위							
지적							
기품							
신비적							
자연스러움							
건강한							
가냘픈							
날씬함							
섬세							
상냥							
평온							
안정							
따뜻함							
밝음							
강한 의지							
와일드							
섹시							
시크							
샤프							
스마트							
차밍							

※ 접객 시점에서 이 표를 작성한다는 것은 시술 시간에 문제가 있을 수 있다. 이를 트레이닝의 소재로 해서 일반 잡지의 사진을 보고 작성해보면 이미지의 감각을 익힐 수 있다.

1. 업스타일 도구 및 제품[3)]

1. 업스타일 도구

업스타일(Up Style)은 진행하기에 앞서 고객에 대한 특성이 명확하게 파악되지 않는다면 아름다운 헤어스타일을 연출할 수가 없다. 우선 고객 내 외의 정보를 정확하게 파악해야 한다.

(1) 전기 세팅기

전기 세팅기는 전기의 열에 의해 웨이브를 연출하는 기구로 업스타일이 아닌 굵은 웨이브를 연출하는 데도 사용한다.

(2) 아이론

아이론은 웨이브 연출에 매우 유용한 기기이며 다양한 사이즈의 아이론이 있어 원하는 웨이브의 크기를 조절할 수 있다.

(3) 빗

① 꼬리빗

꼬리빗은 사용 빈도가 높은 도구로 모발을 빗거나 빽콤을 넣을 때, 형태의 변형 등에 사용된다.

② 피니시 브러시

피니시 브러시는 모류 정리 혹은 빽콤이 되어 있는 판넬의 표면을 정리할 때 사용하는 마무리용 브러시이다.

③ 쿠션 브러시

쿠션 브러시는 세팅 전후 전체의 모발 정리에 사용하며, 프런트 부위를 간단하게 마무리할 수 있다. 또한 두상의 곡선에 따라 텐션을 균일하게 넣을 수가 있고, 많은 양의 조절이 가능하다.

(4) 핀

① 대핀

대핀은 핀 중에서 가장 고정력이 뛰어나기 때문에 많은 양의 모발을 고정할 때 사용한다. 단, 모발의 양이 너무 많거나 적게 되면 고정력이 떨어질 수 있다.

② 실핀

실핀은 업스타일에서 가장 많이 사용하는 것 중의 하나이며, 면을 고정할 때 사용하는 핀이다.

③ 스몰핀

스몰핀은 고정력이 약하고 크기와 길이가 짧기 때문에 적은 양의 모발과 힘이 부족한 모발을 고정할 때 사용하는 핀이다.

④ 보비핀

보비핀은 디자인을 연출할 때 고정하는 핀이며, 실핀에 비해 고정력이 약한 편이다.

⑤ U자핀 대(大)

U자핀 대는 많은 양의 모발을 숨기고 싶거나, 모발을 묶어 고정시킬 때, 모발을 잠시 고정시킬 때 주로 사용하는 핀이다.

⑥ U자핀 중(中)

U자핀 중은 U자핀 대 보다 크기가 작으며, 적은 모발에 사용하고, 긴 모발 짧은 모발 모두 사용 가능하다. 주로 컬, 뱅, 루프의 고정에 사용하는 핀이다.

⑦ U자핀 소(小)

U자핀 소는 컬을 고정할 때 주로 사용한다. 핀 자체를 사용하기도 하지만, 갈고리 형태로 끝을 휘게 만들어 마무리할 때 모발이 빠지지 않게 사용하기도 한다.

(5) 핀셋

핀셋은 업스타일 작업 시 필요량의 모발을 모아 고정하기 위해서 사용한다.

① 일반 핀셋

블로킹용 핀셋으로 가장 많이 사용하는 핀 중 하나이며, 고정력이 강하다.

② 핀컬핀

업스타일을 할 때에 형태의 흐름을 고정시키거나, 임시로 고정할 때 편리하게 사용할 수 있다. 사용 시 핀 자국이 남지 않도록 주의해야 한다.

(6) 고무줄/끈

업스타일을 할 때에 토대를 잡거나, 모발을 묶거나, 고정시킬 때 사용한다.

전기 세팅기

아이론

빗

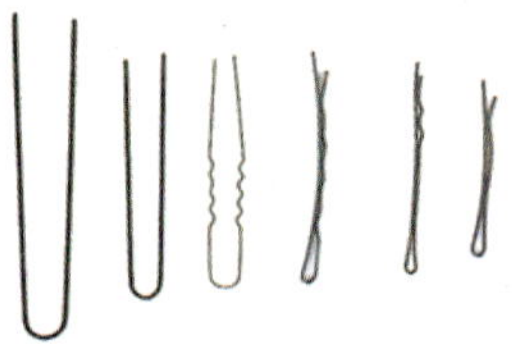

핀

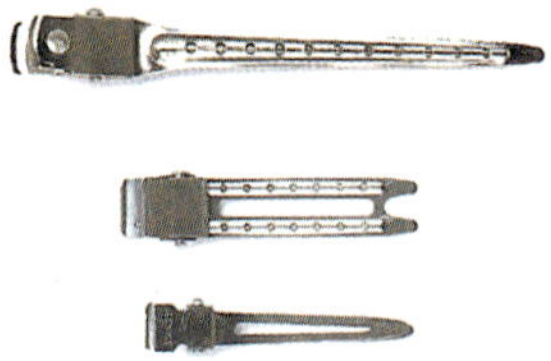

핀셋

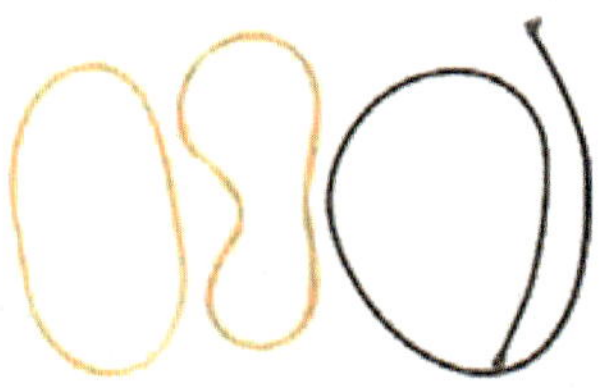

고무줄 / 끈

2. 업스타일 제품

(1) 스프레이

스프레이는 헤어스타일을 정돈 한 후 스타일을 지속적으로 유지시키기 위해 모발에 골고루 분사해서 모발에 얇은 피막을 형성하여 모발을 일시적으로 강하게 고정시켜 주는 마무리용 정발제이다.

(2) 왁스

왁스는 기존에 사용하던 스타일링제의 장점을 고루 적용한 제품으로 부드러움과 강력한 정발효과를 두루 갖춘 제품이다. 건조 후 딱딱한 느낌이 없는 자연스러운 촉감으로 스타일을 유지할 수 있으며, 하드 타입에서 소프트 타입까지 다양한 제품이 있다.

(3) 에센스

에센스는 모발에 윤기와 광택을 부여해 주고, 모발을 한층 더 자연스럽게 만들어 주는 역할을 한다.

(4) 광택제

광택제는 모발에 윤기와 광택을 더하기 위해 사용한다.

스프레이

왁스

에센스

광택제

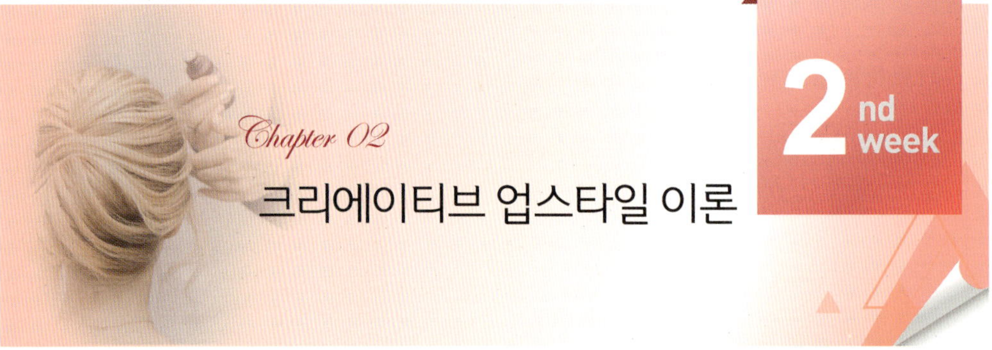

Chapter 02

크리에이티브 업스타일 이론

2nd week

학습 내용(단원명)	수업 목표
크리에이티브 업스타일 이론	• 볼륨을 이해할 수 있다. • 질감을 이해할 수 있다.

1. 볼륨의 이해

볼륨에 따라 디자인의 실루엣이 결정되고 전체의 조화가 달라지기 때문에 볼륨은 업스타일에 있어 빠질 수 없는 부분이다.

입체화된 볼륨은 얼굴형에 맞추어 분위기를 강조하고 결점을 커버하는 효과를 갖고 있으며, 이에 어느 정도의 볼륨을 줄 것인지 명확하게 계산해 두어야 한다. 볼륨의 위치가 위로 올라갈수록 화려한 이미지를, 아래로 내려갈수록 성숙한 이미지를 나타낸다.[4)]

1. 볼륨의 크기와 효과

볼륨은 얼굴과의 조화, 크게는 전신과의 조화에 따라 미적 감각이 나타나며, 볼륨을 넣는 방법에 의해 얼굴 형의 효과가 유동적으로 여러 가지의 다른 인상과 분위기를 자아낸다.

둥근 모양, 홀쭉한 모양, 안정감을 갖는 모양 등 어떤 것을 조화시키느냐에 따라 개성 있는 스타일로 만들어 낼 수가 있다.

A

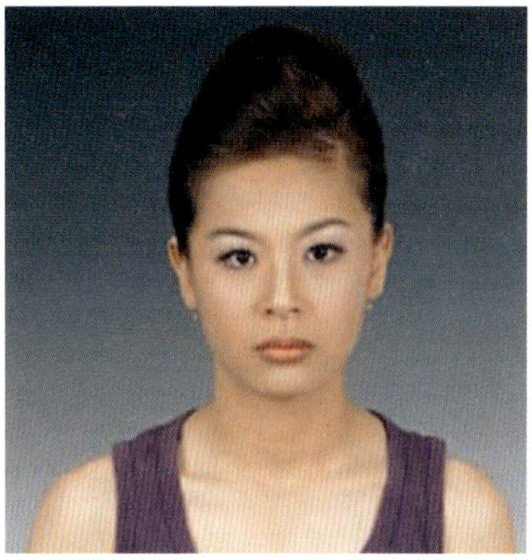

B

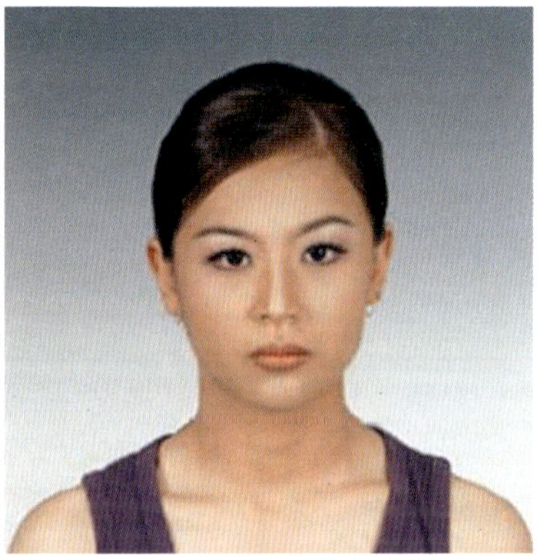

C

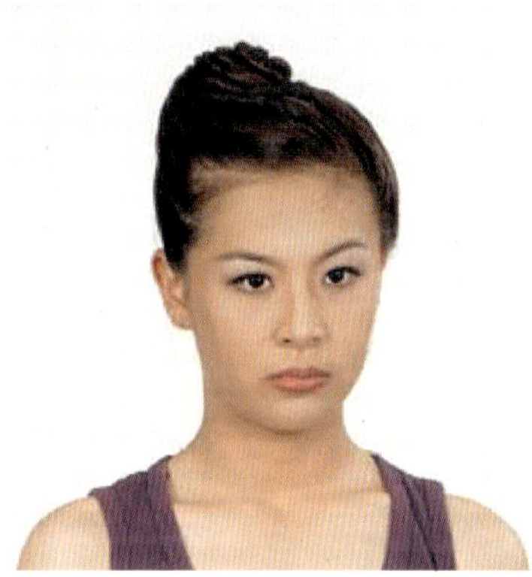

D

A	볼륨을 가로, 세로, 평균으로 해서 둥그렇게 연출하면 그 양감은 얼굴형을 부드럽게 나타내고 얼굴의 여유로움을 가질 수 있다.
B	볼륨을 얼굴 폭보다 좁은 중심으로 모발을 모아 높게 표현하면 수직 힘의 작용으로 좁고 샤프한 얼굴형으로 표현된다.
C	두피에 볼륨을 눌러 헴라인에 따라 형태를 만들면 모발의 분량이 얼굴 면적보다 작게 되고 대상이 되는 얼굴은 큰 느낌으로 표현할 수 있다.
D	톱에서 측두부에 걸쳐 극단의 볼륨을 넣으면 대비적으로 얼굴의 면적을 좁아지게 한 것 같은 착각을 일으켜 얼굴을 작아 보이게 한다.

2. 볼륨의 상태와 효과

같은 볼륨의 상태라도 질감의 차이에 따라 그 효과는 크게 변한다. 질감이 깔끔한 슬리크(sleek)느낌으로 할 것인가, 비정돈성을 갖는 샤기(shaggy)로 할 것인가에 따라 헤어스타일의 분위기가 다르다. 이것이 변화를 넣는 표현방법이다.

A

B

A	볼륨상태가 아웃라인에서 깔끔한 면으로 마무리 되어 안정감 있는 인상이 얼굴을 어른스럽게 보이게 한다.
B	볼륨의 크기가 같으면서 그 윤곽에 있어 모발 끝의 운동을 갖게 구성하면 리드미컬하고 경쾌한 인상을 받을 수 있다.

3. 프런트에서 본 볼륨

볼륨은 시대적 감각이나 유행에 따라 선호도가 변화하지만 대상의 밸런스를 맞춰 디자인을 연출하여야 한다.

(1) 프런트 볼륨의 한계

① 최대한의 볼륨

미간에서 턱까지를 반경으로 원을 그린 선 내를 말한다. 볼륨의 한계는 미간 점을 기준으로 최대한의 볼륨을 어느 쪽으로 이동시키더라도 조화가 이루어진다.

② 최소한의 볼륨

미간에서 윗입술 선까지를 반경으로 원을 그린 선 내를 말한다. 최소한의 볼륨의 한계는 그 실제의 디자인상 거의 볼륨이 보이지 않은 상태이다.

4. 사이드에서 본 볼륨

사이드의 헤어디자인은 아름다움을 좌우하는 결정적 요인이 된다. 사이드 디자인이 아름다운 조화를 얻지 못한다면 완전한 구성이라 할 수 없다. 이것은 얼굴의 입체감과 모발의 볼륨이 조화를 이루면서 아름다움을 표현하기 때문이다.

(1) 사이드 볼륨의 한계

① 최대한의 볼륨

턱과 두정부를 연결선상에 두고 미간 위치를 수평으로 이동시켜 생긴 교차점에서 턱까지의 길이를 반경으로 하여 그린 원내를 말한다.

② 최소한의 볼륨

미간 위치의 이동점부터 윗입술의 위치 이동점까지의 길이를 반경으로 한 원내를 말한다. 이것은 샤프한 이미지를 준다.

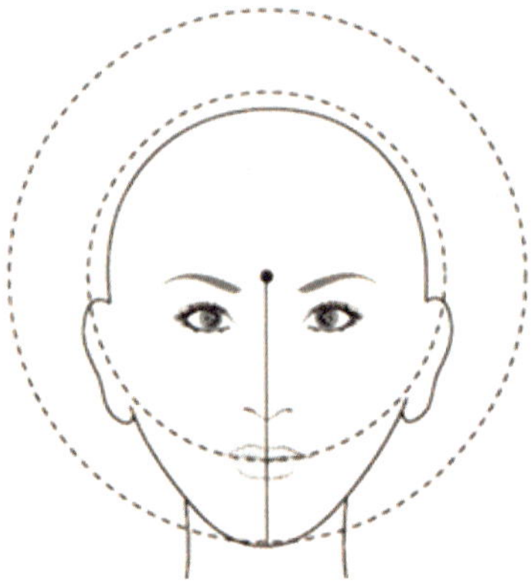

프런트의 최대 / 최소

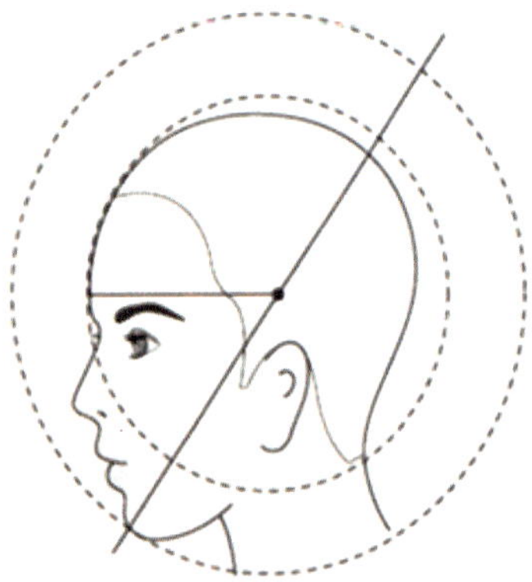

사이드의 최대 / 최소

2. 질감의 이해

모발이 모여 군집을 이룬 상태의 조작 결과에서 표면의 느낌을 질감이라 한다. 질감은 시각적으로 색다른 만족을 얻을 수 있고 감각적 과정을 활성화시키는 효과가 있다.

매끈한 질감의 표현으로는 곱게 빗거나 고리를 마는 방법 등이 있으며, 거칠은 질감의 표현으로는 비틀거나 땋는 등의 방법이 있다.[5] 이러한 질감은 연출 기법에 따라 특징적인 질감으로 나타나며 심리적 영향도 각기 다르다. 질감은 색감과 함께 형을 이룬 결과에 필연적으로 갖게 되며, 형(스타일)의 완성도를 높여준다.

측면 질감	정면 질감	특징
		표면의 높이가 일정하며, 볼륨을 갖추지 않는다.
		깔끔한 면은 클래식하고 단아한 성질을 갖는다.
		'C'나 'S'의 흐름으로 면을 연출한 깔끔한 질감으로 클래식하면서 여성적이고 세련된 이미지를 갖는다.
		일정한 간격의 모속을 잡은 배열로 입체감과 모류의 방향감에 의해 세련된 이미지를 갖는다.
		가닥빼기를 하여 높낮이를 강조하며 깊이의 입체감을 연출, 세련된 이미지를 강조한다.
		섹션과 섹션의 교차면에 나타나는 격자의 느낌과 큐티클의 반사빛에 따라 면의 명함이 다르게 느껴져 품격과 세련미를 갖는다.
		일정한 높이를 갖춘 면 위에 약간의 높낮이를 둔 상태의 질감 연출이다.

측면 질감	정면 질감	특징
		면과의 높낮이, 폭이 크게 나타나는 돌출 효과로 활동적이고 발랄한 이미지를 갖는다.
		모발이 떨어지는 방향으로 꼬는 것으로 넓은 면의 무거움을 해소하고자 하는 변화 차원의 연출이다.
		모발이 떨어지는 반대방향으로 꼬는 것으로 요철의 효과가 커서 비트가 강한 느낌을 갖는다.
		뒤집는 것으로 모류의 흐름과 편안한 느낌의 자연스러움을 갖는다.

Chapter 02

크리에이티브 업스타일 이론

3rd week

학습 내용(단원명)	수업 목표
크리에이티브 업스타일 이론	• 프런트 디자인을 이해할 수 있다. • 싱, 망을 활용할 수 있다.

1. 프런트 디자인의 이해

업스타일에서 흐름을 만들기 위한 기초 과정인 세트 와인딩이 중요한 이유는 정면에서 보이는 디자인의 구성이 고객의 입장에서는 전부라고 할 만큼 큰 비중을 차지하기 때문이다. 볼륨에 따라 빗질의 각도가 달라지고 얼굴형에 맞는 실루엣을 고려해서 롤의 굵기를 선정하여 모발 흐름에 대한 성질을 이해하고 블로우 드라이로 마무리한다.[6)]

1. 프런트의 와인딩

와인딩에는 볼륨에 따라 빗질의 각도(스템)가 달라지며, 얼굴형에 맞는 실루엣을 고려하여 롤의 굵기를 선정하고 모발 흐름에 대한 성질을 이해한 후 진행한다.

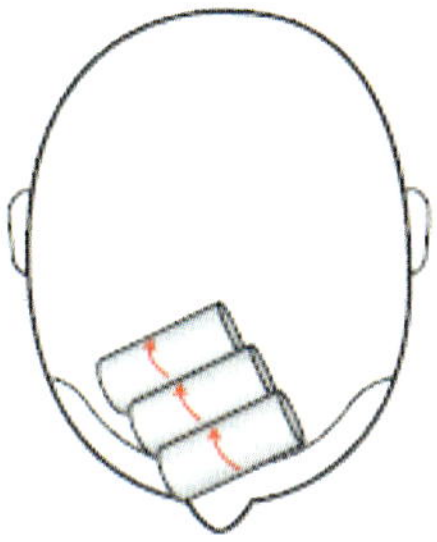

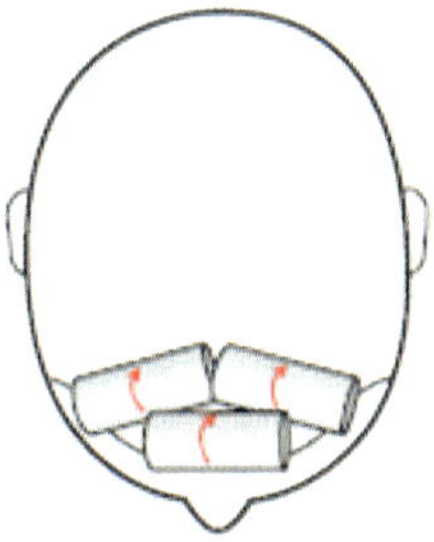

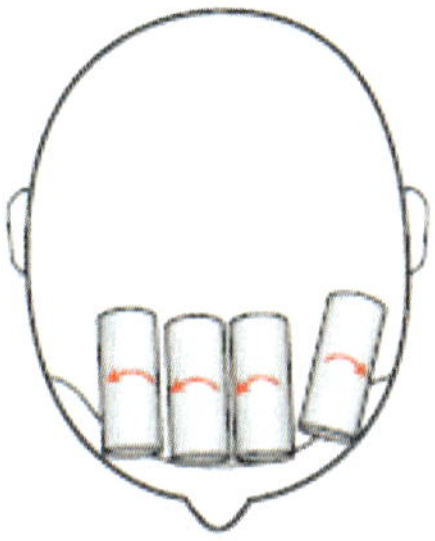

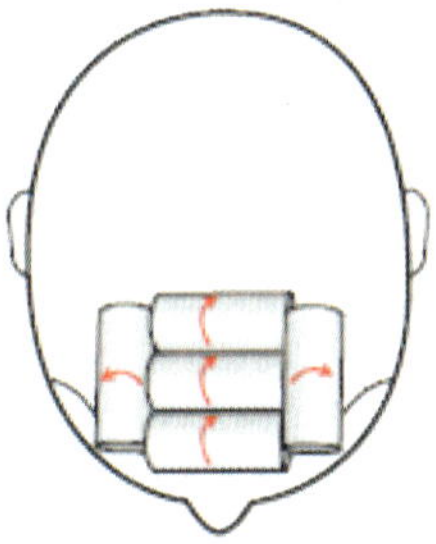

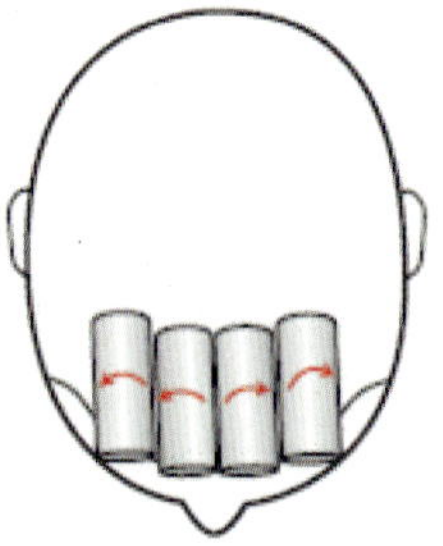
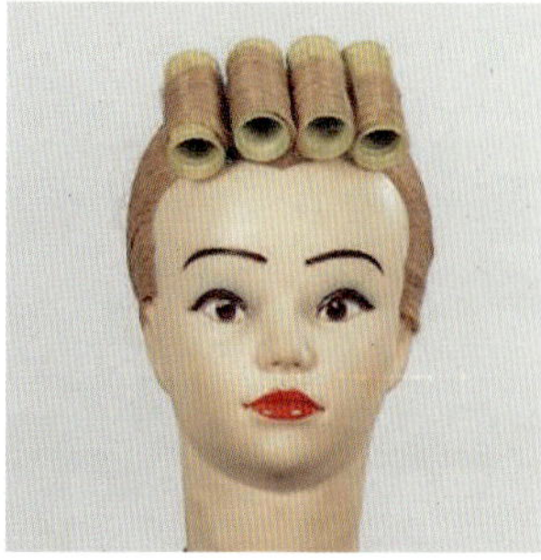

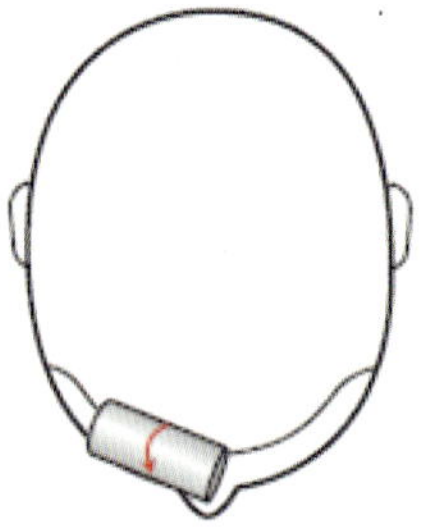
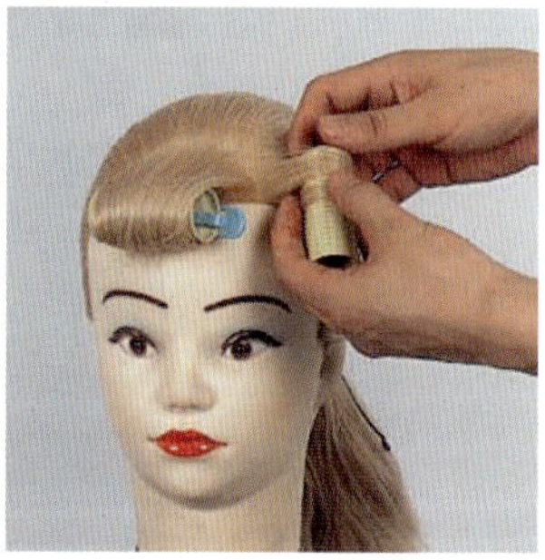

2. 싱, 망의 활용

1. 싱의 활용

싱은 부족한 모발의 양을 보충할 때 사용하는 것으로 빽콤만으로 부족한 부분에 싱을 넣어 실루엣을 잡기 용이하게 한다. 일반적으로 모발의 색과 같은 색의 싱을 사용한다.[7] 장식적인 의미를 부여하기 위해 모발의 색과 상이한 색을 선택하여 사용할 수도 있다.[8]

싱의 역할과 기능	
싱의 역할과 기능	토대 표면의 요철을 정리하면서 부족한 높이와 넓이를 만들어 준다.
	빽콤만으로 부족한 볼륨에 싱을 넣어 실루엣을 잡는다.
	볼륨 밸런스를 보정한다.
	작업에 방해가 되는 핀 다리에 싱을 얹어 다음 작업에 방해가 되지 않도록 한다.

싱 만들기와 실루엣을 형성하는 싱 – 뭉쳐있는 싱을 얇게 펴서 넓게 만든 다음, 원하는 형태로 다시 뭉쳐 모양을 잡는다.

①, ②, ③ 뭉쳐있는 싱을 바로 사용하지 않고 조금씩 반복해서 떼어낸다.

④ 싱의 가장자리를 접어 넣으면서 형태를 만들어 간다.

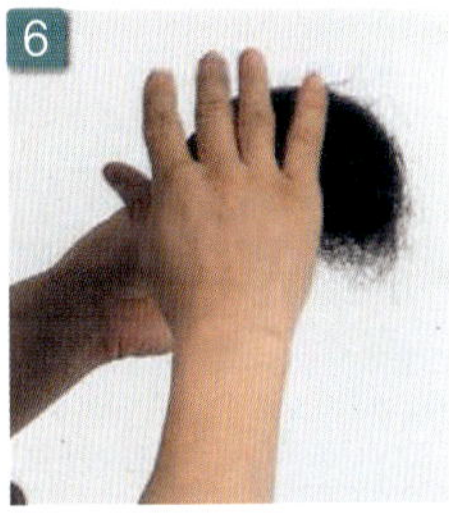

⑤, ⑥반으로 접거나 말아 들어가는 방법으로 타이트하게 만든 후 손 바닥으로 쓰다듬듯이 아웃라인을 정리한다.

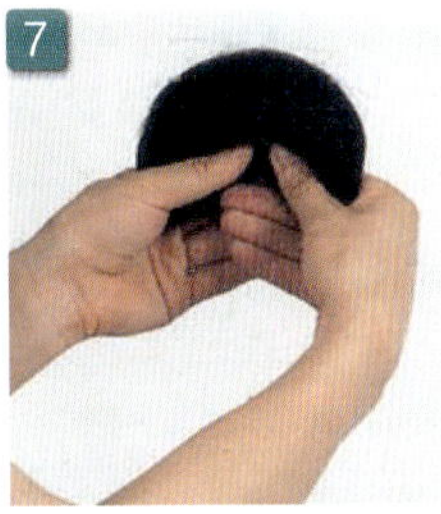

⑦ 반달형의 싱을 완성.

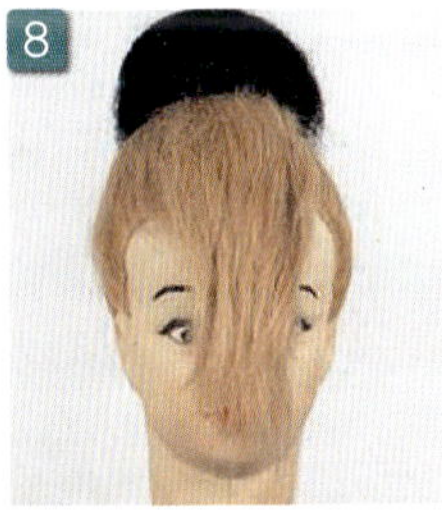

⑧ 완성된 싱을 T.P (Top Point)에 올려 실루엣을 잡는다.

토대를 커버하고 두상의 밸런스를 형성하는 싱 – 토대의 요철을 커버하고, 모량 보충, 실루엣 보정의 목적으로 쓰인다.

① 도넛 싱: 포니테일 디자인에 응용 된다.

② 타원형 싱: 가장 많이 응용되는 타입으로 원형 토대 위에서 토대보다 약간 크게 만들어 씌운다.

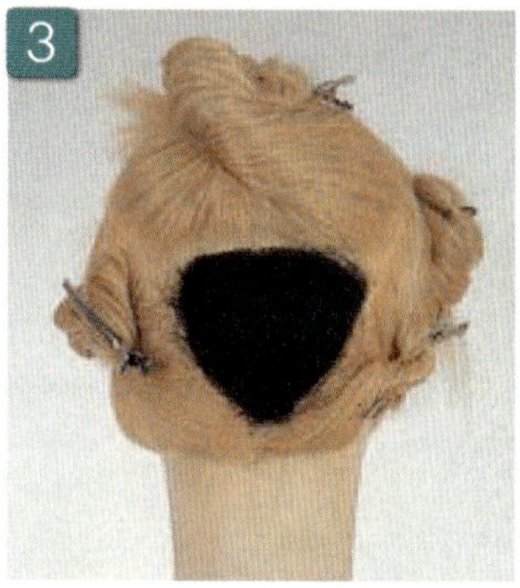

③ 삼각형 싱: B.P(Back Point) 토대 위에 위치하여 높이보다는 넓고 얇게 하여 시뇽이 위치하게 한다.

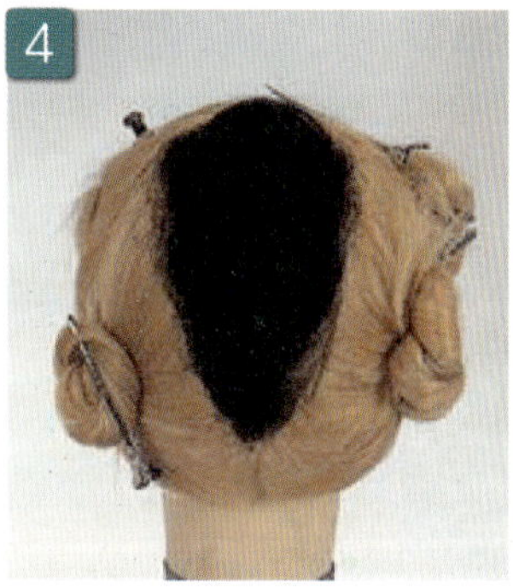

④ 삼각형 싱: 후두부의 면겹치기에 응용된다.

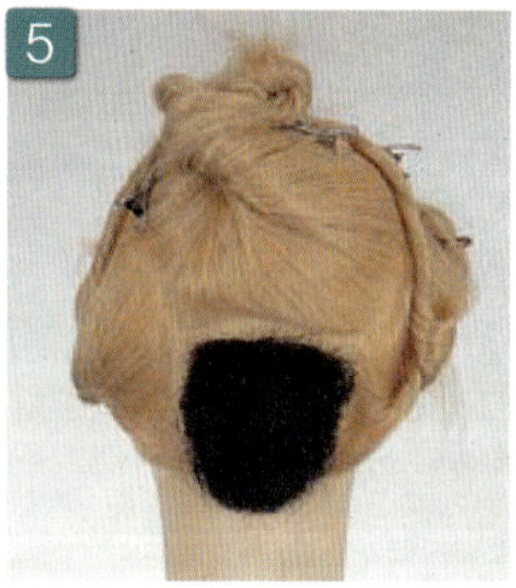

⑤ 사각형 싱: N.P에 시뇽이 놓이는 경우에 응용된다.

⑥ 핀 감추기: 면이 겹쳐지는 과정에 핀 다리의 방해를 받게 된다. 이를 방지하기 위하여 아주 소량의 싱을 핀 위에 놓고 감아 말게 되면 깨끗한 일직선이 나온다.

2. 망의 활용

망은 모발이 너무 길거나 짧을 때 사용하기 편리하고 모발이 뻗치는 것을 보완하여 준다. 또한 웨이브를 형성할 때 힘을 줄 수 있는 방법으로 사용하기도 한다.[9]

망은 여러 종류가 있으나 기본적으로 망이 눈에 띄지 않도록 모발과 동색을 사용하는 것이 좋다.

(1) 망 씌우기

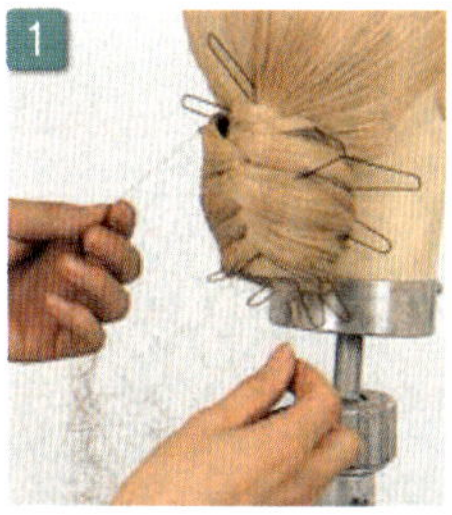

① 망을 걸 수 있도록 U핀 대(大)를 중심에 꽂아 망을 건다.

② 망을 U핀 바깥으로 건다.

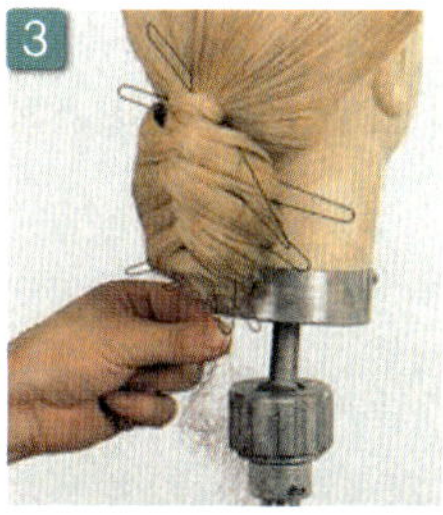

③ 망이 늘어지지 않도록 타이트하게 당겨 하나로 잡는다.

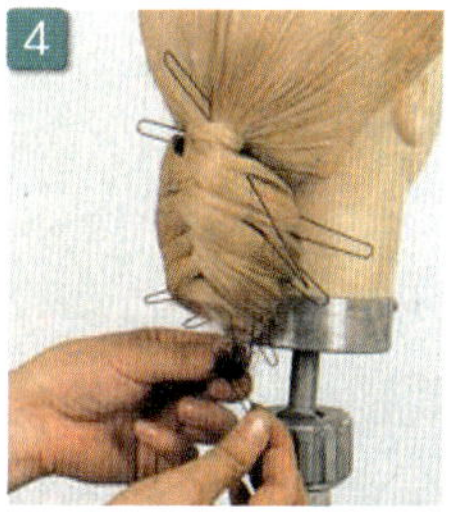

④ 감싸고 남은 망을 손가락에 말아 뭉친 후 U핀 소(小)에 건다.

⑤ 뭉친 여분의 망을 싱 뒷면에 보이지 않게 감춘다.

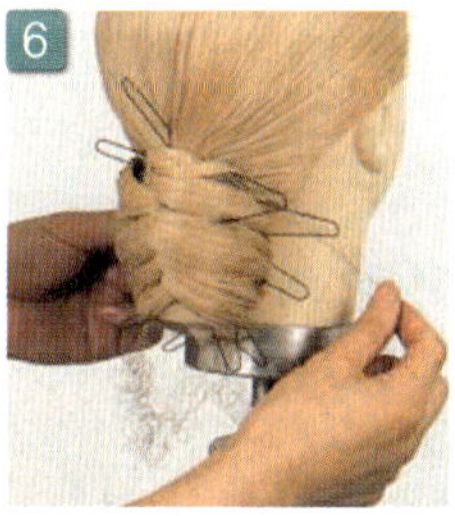

⑥ 시뇽의 아웃라인을 두피에 밀착하여 고정한다.

⑦ 망이 느슨하지 않게 유지하면서 U핀에 망을 걸어 보이지 않게 당겨 시뇽 뒤에 고정한다.

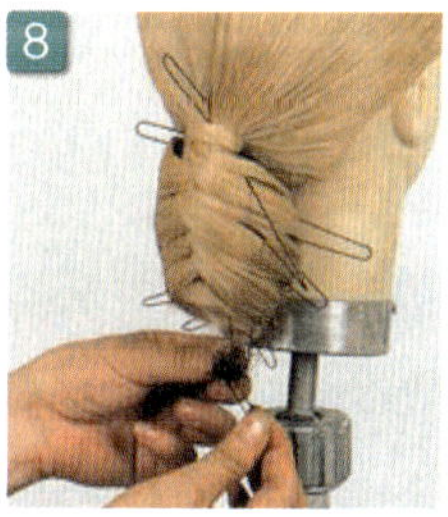

⑧ 완성

Chapter 02

크리에이티브 업스타일 이론

4th week

학습 내용(단원명)	수업 목표
크리에이티브 업스타일 이론	• 상위 스타일을 이해할 수 있다. • 하위 스타일을 이해할 수 있다.

1. 상위 스타일의 이해

상위 업스타일은 업스타일의 기본형이라 할 수 있다. 커리어우먼의 이미지로 상위 스타일은 포인트가 G.P를 중심으로 놓여 전면의 실루엣에 두상을 강조한 스타일로 하위 스타일에 비하여 얼굴에 차지하는 머리의 비중이 높기 때문에 얼굴형에 어울리는 형태의 심도 있는 조형 감각이 필요하다.

G.P를 중심으로 B.P 위에 놓이는 스타일을 상위 업스타일의 범주에 둔다. 측두부의 볼륨이 약하면 얼굴이 크게 보이고 스타일이 갖는 성격이 약해진다. 숏커트에서 동일한 길이의 세임 레이어(same layer)의 경우 측두부의 볼륨이 두상을 따라 둥그런 볼륨으로 떨어져 부드러운 느낌의 동안 이미지를 주지만 개성적이지 못하고 시선이 얼굴 중심으로 닿기 때문에 콤플렉스가 두드러져 보일 수 있다.

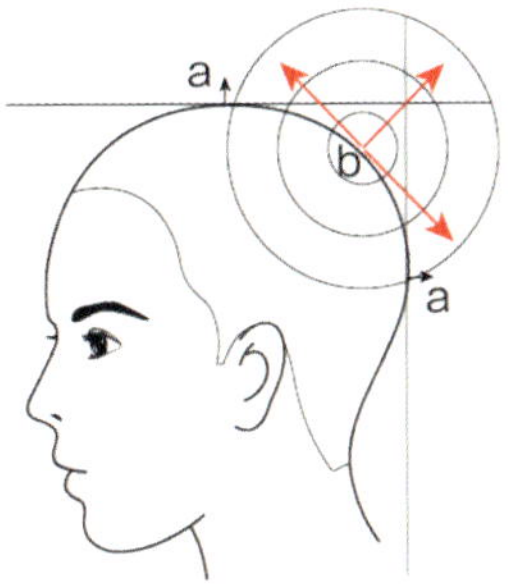

상위 업스타일

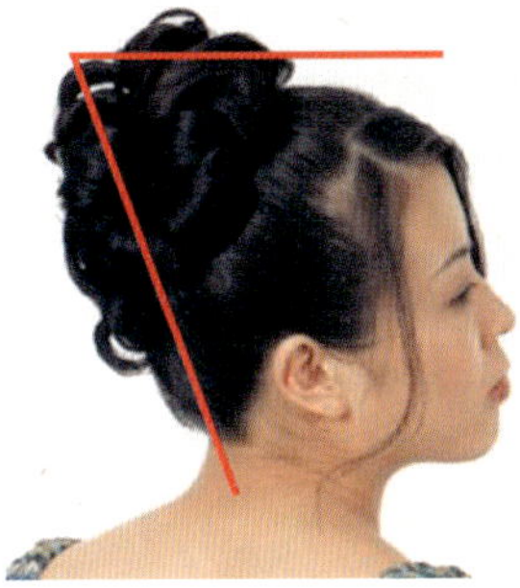

면에 볼륨이 없는 상위

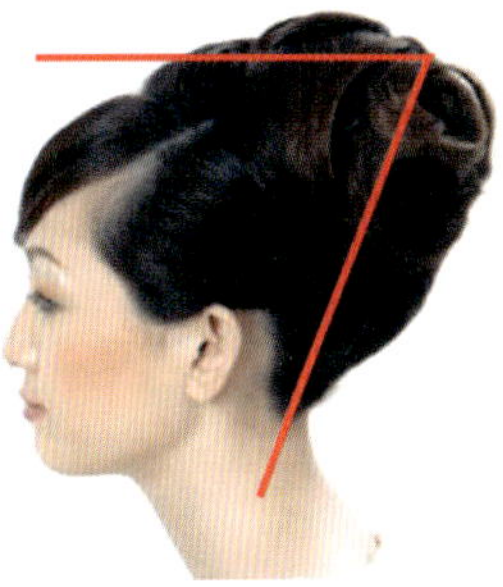

면에 볼륨을 잡은 상위

상위스타일

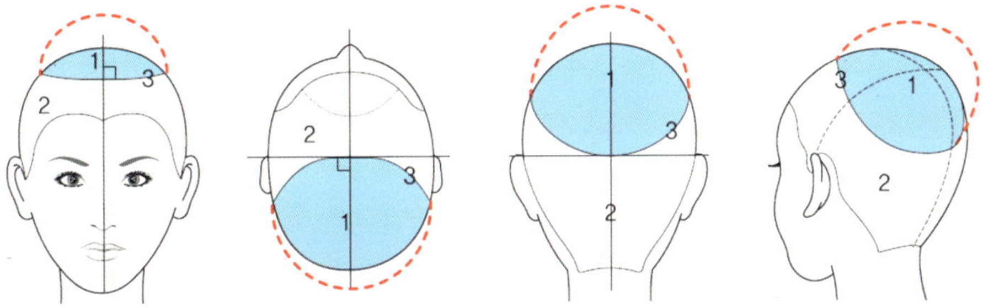

2. 하위 스타일의 이해

하위 업스타일은 여성적이고 로맨틱한 이미지를 갖는다. 하위 스타일은 전면의 실루엣으로 두상보다는 턱선을 보완하는 실루엣이기 때문에 얼굴 중심의 업스타일이다. 의상, 메이크업에 문제가 없다면 얼굴이 강조되어 헤어의 비중이 낮아지기 때문에 이미지 손상이 발생할 가능성이 낮다. 포인트의 위치는 뒤통수 뼈(Occipital Bone)을 기준으로 그림 b의 포인트 크기가 커질수록 B.P위로 자리해야 a의 볼륨도 커진다. 하위 업스타일은 묶음으로 연출되는 쪽 패턴과 묶지 않고 걷어 올려지는 양감 패턴이 있다.

하위 업스타일에서는 상위 업스타일의 포인트 자리가 면으로 연출되고 측면은 네이프 포인트와 연결성 있게 연출한다. 두정부의 면을 묶고 나서 연출하는 쪽 패턴과 측면의 모발과 네이프 모발을 걷어 올려 포인트를 연출하는 양감 패턴이 있다. 양감 패턴은 사이드, 백 사이드의 볼륨을 동일하게 목까지 길게 이어지듯이 떨어지는 특징을 갖는다.

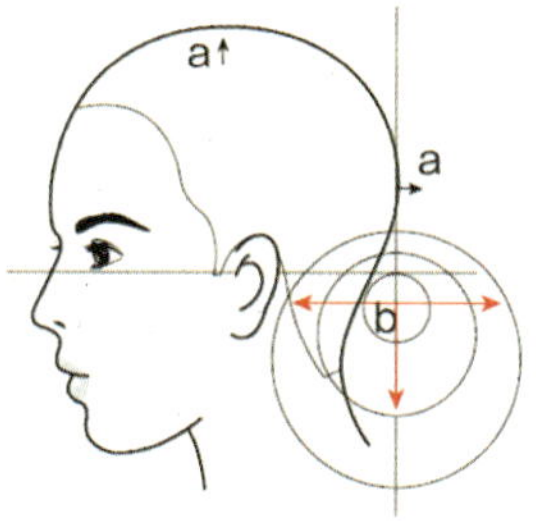

하위 업스타일

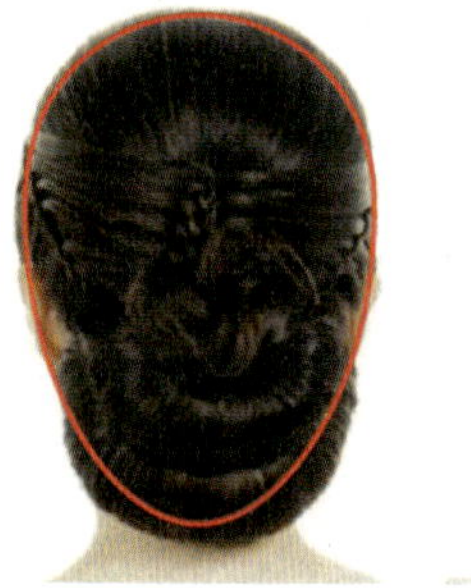

하위 쪽 패턴

하위 양감 패턴

하위스타일

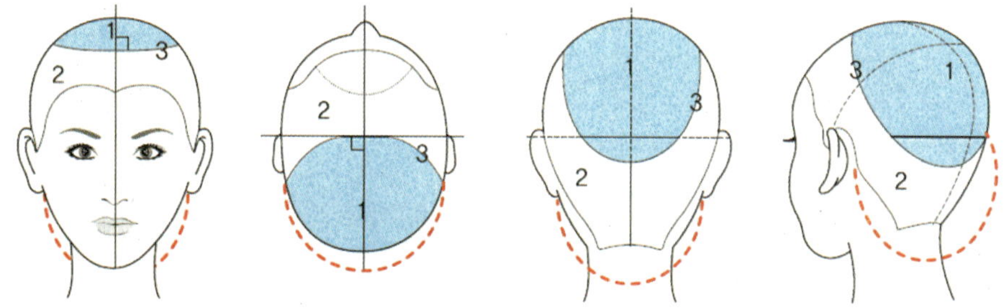

Chapter 3

크리에이티브 업스타일 실습

5주 크리에이티브 업스타일 실습
6주 크리에이티브 업스타일 실습
7주 크리에이티브 업스타일 실습
8주 크리에이티브 업스타일 실습
9주 크리에이티브 업스타일 실습
10주 크리에이티브 업스타일 실습
11주 크리에이티브 업스타일 실습
12주 크리에이티브 업스타일 실습
13주 크리에이티브 업스타일 실습
14주 크리에이티브 업스타일 실습
15주 크리에이티브 업스타일 실습
16주 크리에이티브 업스타일 실습

Chapter 03

크리에이티브 업스타일 실습

5 th week

학습 내용(단원명)	수업 목표
크리에이티브 업스타일 실습	• 상위 업스타일을 준비할 수 있다. • 상위 업스타일을 진행할 수 있다. • 상위 업스타일을 마무리할 수 있다.

1. 상위 업스타일 준비하기 (1)

준비물
핀셋, 브러시, 꼬리빗, 핀, 왁스, 싱, 고무줄, 스프레이

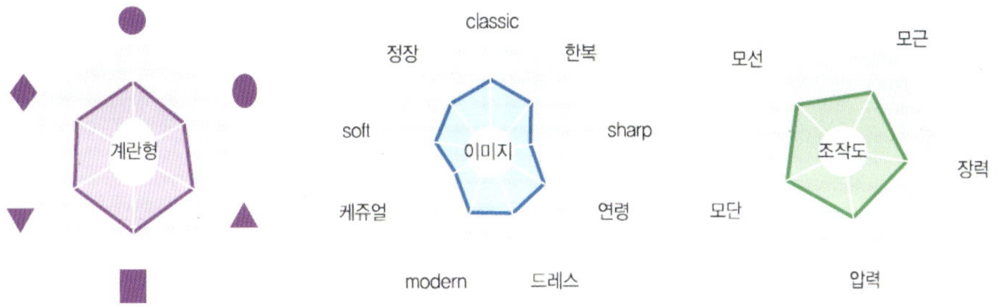

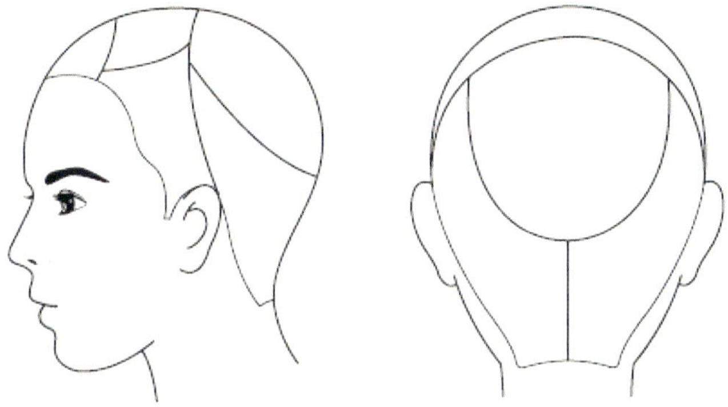

2. 상위 업스타일 진행하기 (1)

소라를 베이스로 한 상위의 기본형으로 얼굴형의 단점을 보완할 수 있는 형의 안정감이 요구된다.

진행전

작품 설명

① E · G · E(Ear · Golden · Ear) 라인을 따라 전 · 후로 나눈다.

② 후두부를 내측의 토대와 외측의 좌우로 나눈다.

③ 내측을 묶어 끝머리를 남기고 토대를 만든다.

④ 빽콤을 넣는다.

⑤ 표면부위의 빽콤을 제거한다.

⑥ 빗끝을 받쳐 볼륨 라인을 잡는다.

⑦ 헴라인을 중심으로 왁스를 발라 모발을 정리한다.

⑧ 정중선에서 우측을 약간 기운 위치에 일자 핀 꽂기를 진행한다.

작품 설명

⑨ 우측의 빽콤을 진행한다.

⑩ 원뿔형의 싱을 준비한다.

⑪ 하단은 U핀 소, 상단은 U핀 대자를 사용하여 고정한다.

⑫ 안쪽을 채워 완충 역할을 하도록 한다.

⑬ 볼륨 라인을 잡는다.

⑭ 패널을 틀고 빗끝으로 위로 말아 넣듯 감아 돌린다.

⑮ 핀을 고정한다.

⑯ 토대에서 탑까지의 영역에 빽콤을 넣어 크라운의 높이를 잡는다.

⑰ 측면을 사선 슬라이스하여 정리한 후 손가락으로 잡는다.

⑱ 빗끝을 이용하여 바깥쪽으로 꺾는다.

⑲ 역행꼬기를 한다.

⑳ 핀으로 고정한다.

㉑ 우측 사이드도 역행꼬기를 진행한다.

㉒ 끝머리를 정리한 후 가닥과 가닥을 잡는다.

㉓ 가닥을 교차시키면서 고정한다.

㉔ 가닥을 펼치며 넓이를 잡는다.

3. 상위 업스타일 마무리하기 (1)

완성 사진

memo

Chapter 03

크리에이티브 업스타일 실습

6 th week

학습 내용(단원명)	수업 목표
크리에이티브 업스타일 실습	• 상위 업스타일을 준비할 수 있다. • 상위 업스타일을 진행할 수 있다. • 상위 업스타일을 마무리할 수 있다.

1. 상위 업스타일 준비하기 (2)

준비물
핀셋, 브러시, 꼬리빗, 왁스, 고무줄, 핀, 스프레이, 싱, 스틱

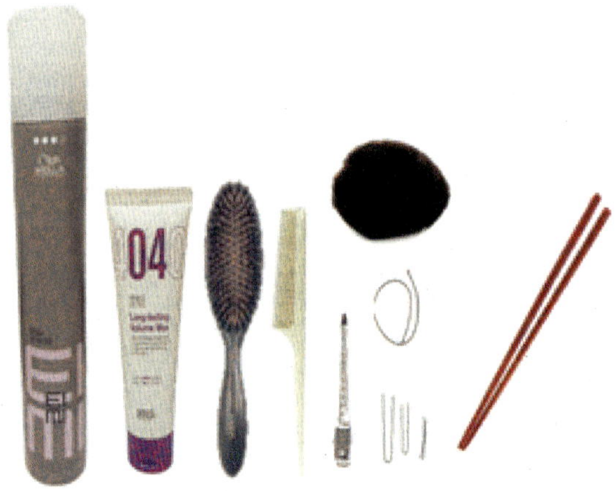

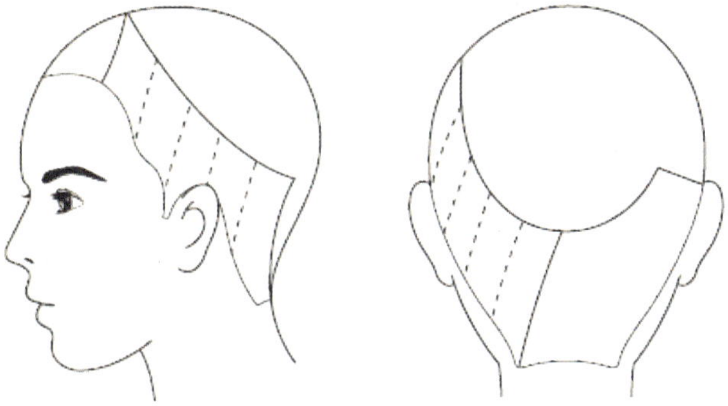

2. 상위 업스타일 진행하기 (2)

미니롤을 비대칭으로 쌓아올려 롤의 형태를 취하지만 기법은 면 넓히기 기법으로 연출한다.

진행전

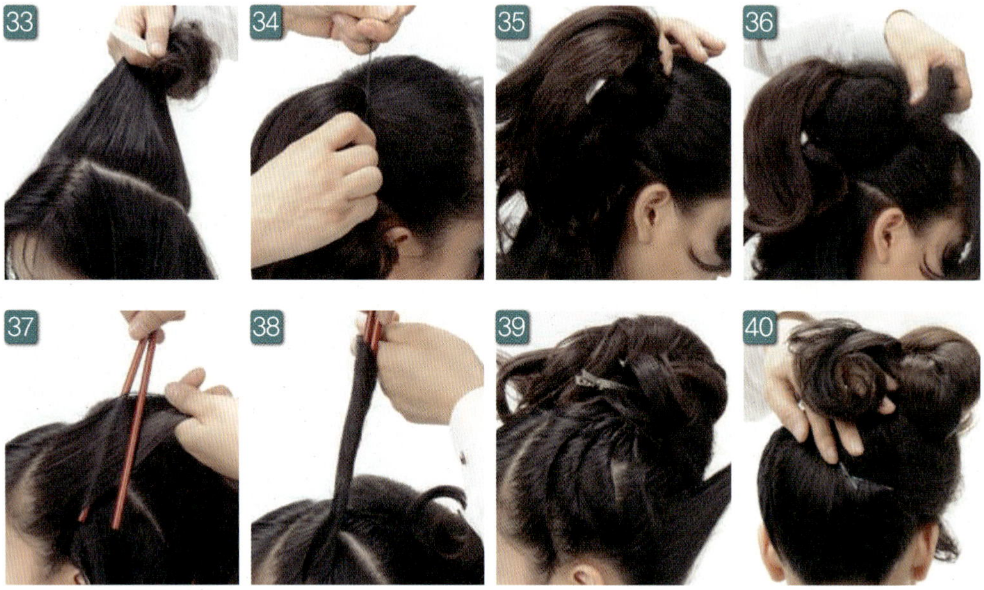

작품 설명

㉕ 좌측의 측면을 남기고 잡는다.

㉖ 우측 사이드를 포함하여 내측을 우측 측두부에 묶는다.

㉗ 피스를 덧대어 부족한 모량을 확보한다.

㉘ 싱을 감아 토대 볼륨을 잡는다.

㉙, ㉚, ㉛ 스틱을 사용하여 모양을 잡는다.

㉜ 후두부를 걷어 올려 고정한다.

작품 설명

㉝ 긴 싱을 사용하여 바깥말음으로 와인딩한다.

㉞ 싱이 움직이지 않게 고정한 후 면을 넓힌다.

㉟ 측면의 가장자리부터 진행한다.

㊱ 묶음에서 섹션을 잡아 고정한다.

㊲, ㊳ 싱은 가늘면서 길게 만들고 와인딩을 할 때는 배열을 고려하여 고정한다.

㊴ 포인트의 바깥으로 먼저 배열한다.

㊵ 2단을 쌓듯 진행한다.

㊶, ㊷ 싱을 넣고 와인딩하면서 넓게 펴고 고정한다.

㊸ 탑을 쌓아가듯 배열한다.

㊹ 와인딩 과정에서부터 면을 넓힌다.

㊺ 놓이는 위치, 모량의 분배, 롤의 개수를 계산하며 진행한다.

㊻, ㊼ 싱이 보이지 않게 면을 넓혀 스프레이를 한다.

㊽ 사이드의 흐름으로 뱅을 마무리한다.

3. 상위 업스타일 마무리하기 (2)

완성 사진

memo

Chapter 03

크리에이티브 업스타일 실습

7th week

학습 내용(단원명)	수업 목표
크리에이티브 업스타일 실습	• 상위 업스타일을 준비할 수 있다. • 상위 업스타일을 진행할 수 있다. • 상위 업스타일을 마무리할 수 있다.

1. 상위 업스타일 준비하기 (3)

준비물
핀셋, 브러시, 꼬리빗, 고무줄, 핀, 왁스, 싱, 스프레이

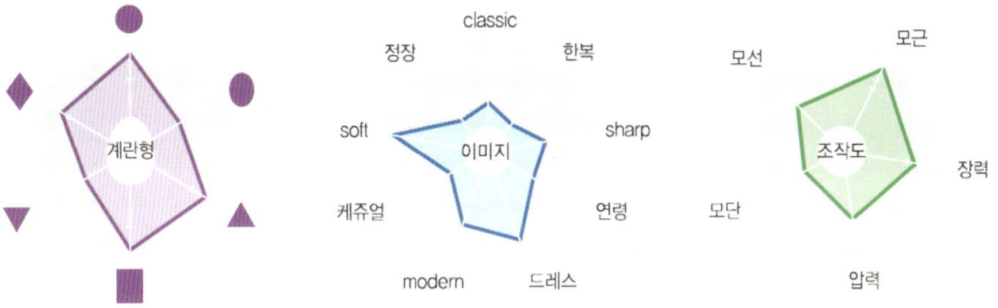

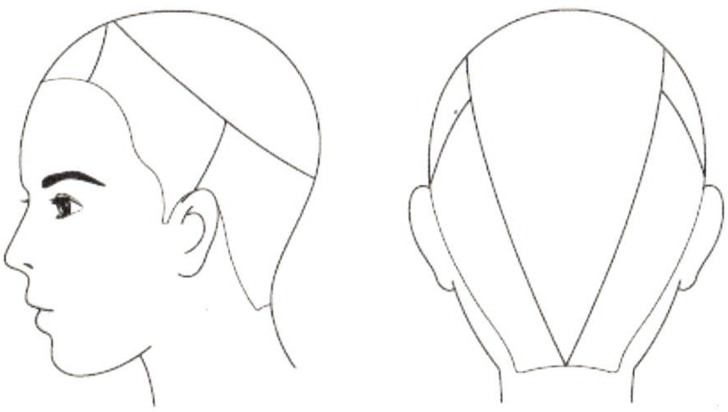

2. 상위 업스타일 진행하기 (3)

면의 영역을 4개로 나누어 교차시키고 포인트를 강조한 스타일로 거친 질감과 가닥 빼기를 응용한다.

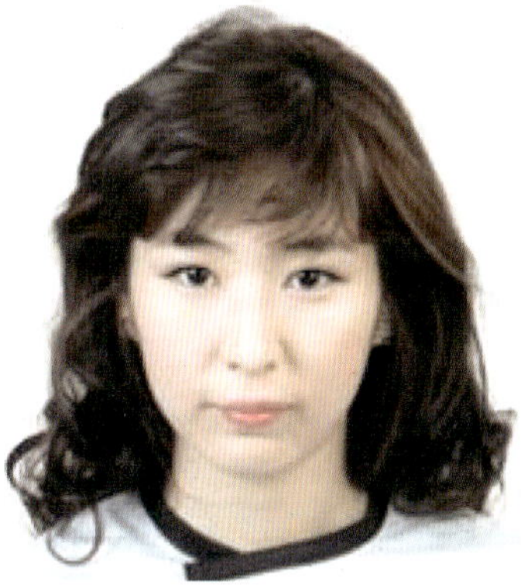

진행 전

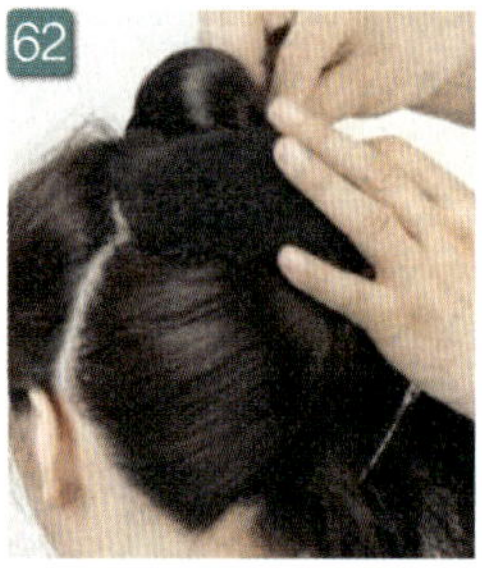

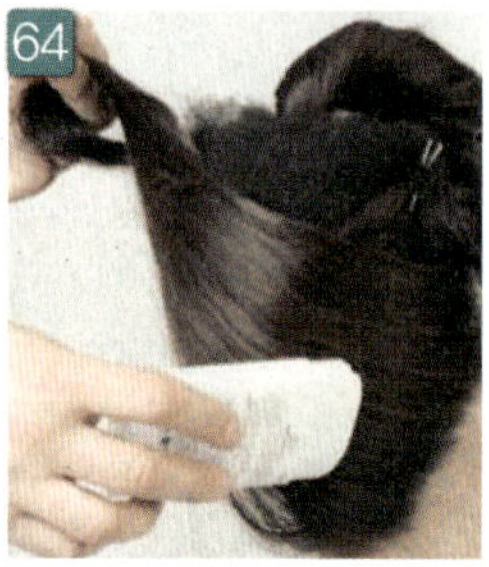

작품 설명

㊾ 크라운에서 N.P(Nape Point)까지의 다이아몬드 형태로 나누어 G.P에 묶는다.

㊿ 모근 빽콤을 넣고, 뒤로는 면 빽콤을 넣는다.

51 싱을 삼각형으로 만든다.

52 싱이 움직이지 않도록 고정한다.

53 표면의 빽콤을 정리한다.

54 핀을 사용하여 고정한다.

55 볼륨을 넣는다.

56 왁스를 바른다.

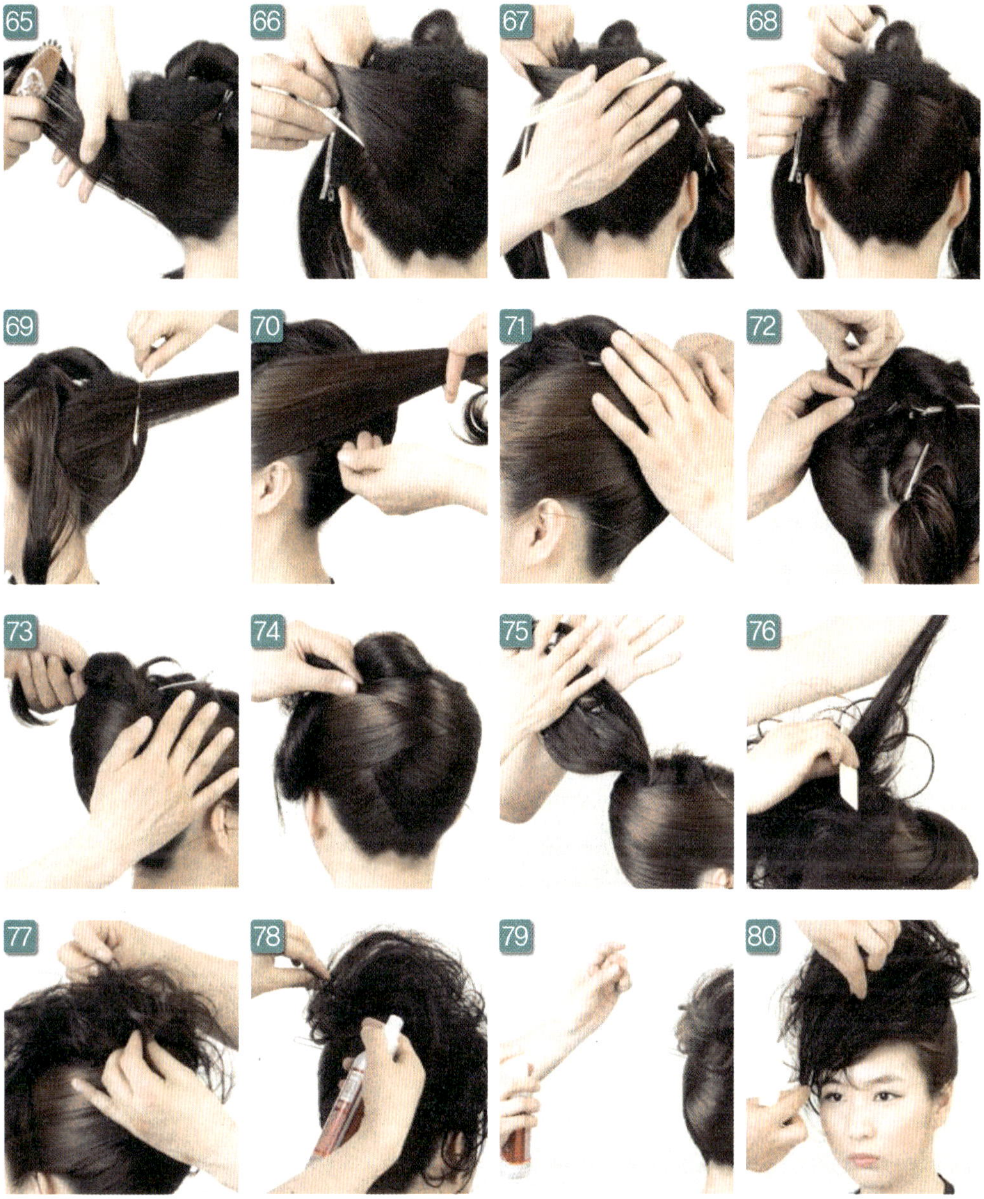

작품 설명

㊲ 표면을 정리한다.

㊳ 면의 하단을 눌러 말아 넣는다.

㊴ 면을 누른다.

⑥⓪ 핀으로 고정한다.

⑥① 빽콤을 넣어 사이드의 볼륨을 정리한다.

⑥② 하단 부분의 좁은 폭을 넓힌다.

⑥③ 손바닥을 사용하여 정리한다.

⑥④ 곡선의 흐름을 잡아준다.

⑥⑤, ⑥⑥ 좌측과 동일한 방법으로 우측을 정리한다. 교차 질감의 후두부를 만든다.

⑥⑦ 끝머리에 왁스를 바른다.

⑥⑧ 거친 느낌의 양감 빽콤을 넣는다.

⑥⑨ U핀으로 임시 고정한다.

⑦⓪, ⑦① 스프레이를 사용하여 고정한다.

⑦② 프런트의 모발 흐름은 사이드로 떨어지게 하고 가닥 빼기를 한다.

3. 상위 업스타일 마무리하기 (3)

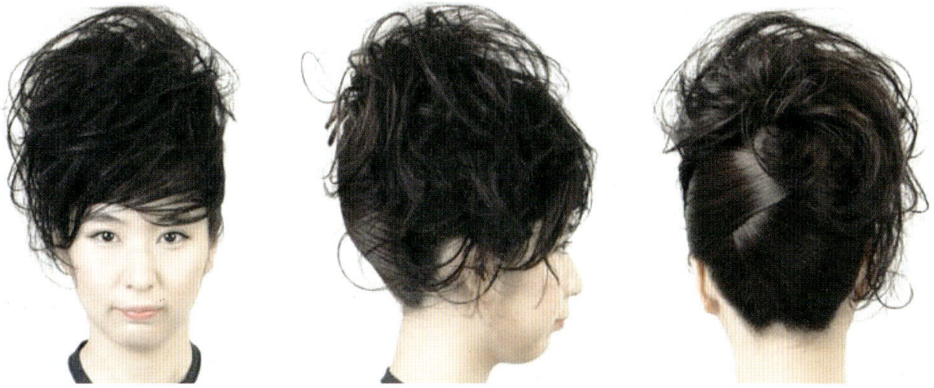

완성 사진

memo

Chapter 03

크리에이티브 업스타일 실습

8th week

학습 내용(단원명)	수업 목표
크리에이티브 업스타일 실습	• 상위 업스타일을 준비할 수 있다. • 상위 업스타일을 진행할 수 있다. • 상위 업스타일을 마무리할 수 있다.

1. 상위 업스타일 준비하기 (4)

준비물
핀셋, 브러시, 꼬리빗, 핀, 왁스, 드라이기, 스프레이

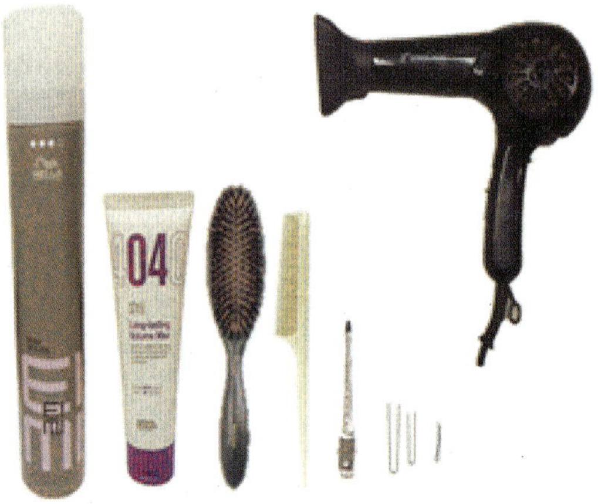

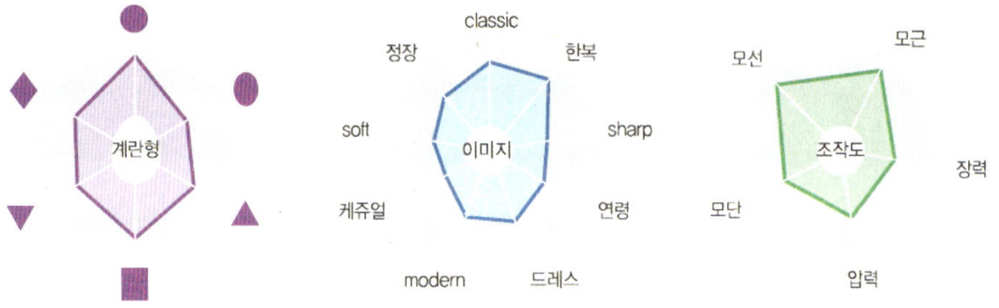

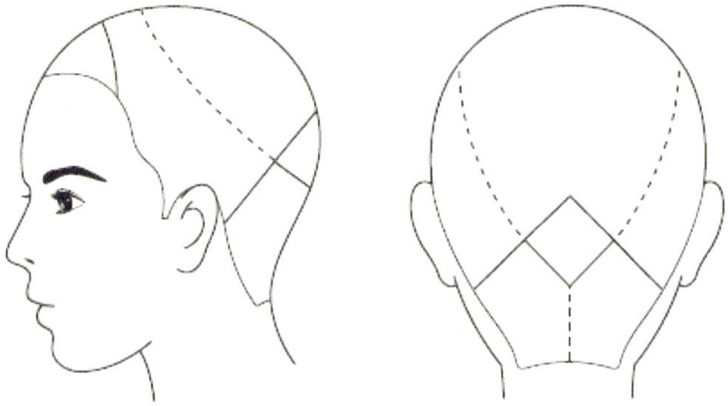

2. 상위 업스타일 진행하기 (4)

면의 영역을 4개로 나누어 교차시키고 포인트를 강조한 스타일로 거친 질감과 가닥 빼기를 응용한다.

진행 전

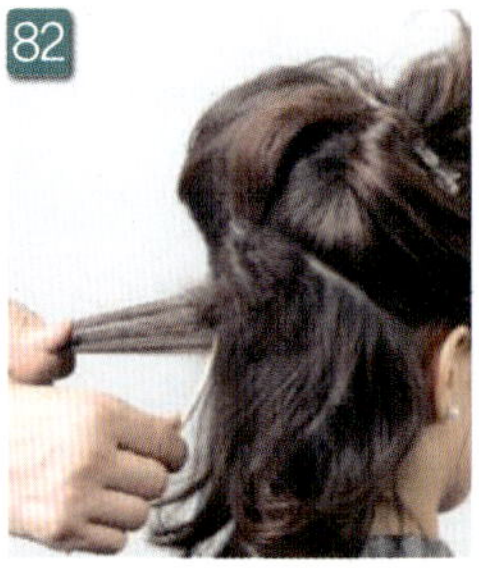

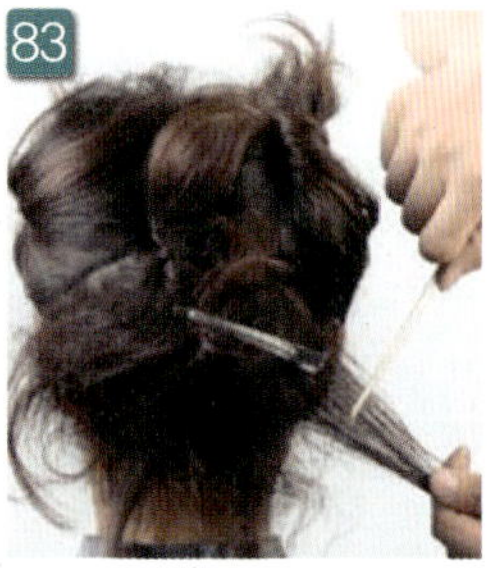

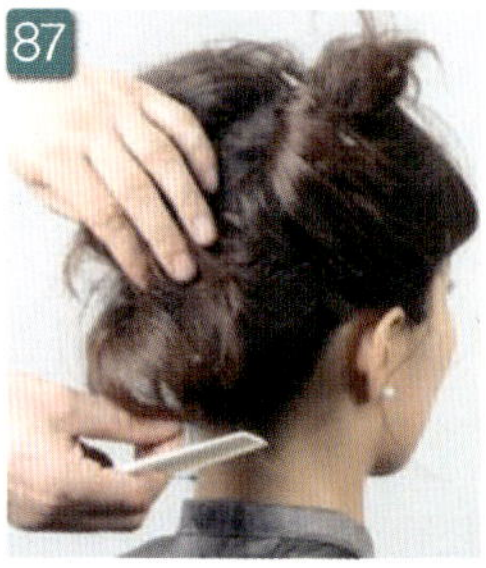

작품 설명

⑬ B.P(Back Point)를 기준으로 상하로 나눈 후 삼각 베이스를 잡아 빽콤을 넣고 고정한다.

⑭, ⑮ 양감 빽콤을 전체에 넣는다.

⑯ 볼륨 라인을 잡는다.

⑰ 표면에 왁스를 발라 브러싱하여 정리한다.

⑱ B.P(Back Point)의 좌우 연결 부위를 핀으로 고정한다.

⑲ B.P(Back Point)의 토대를 풀어 핀을 가린다.

⑳ 크라운 영역을 나눈다.

작품 설명

(81) 탑의 볼륨을 감안하여 빽콤을 넣는다.

(82) 프런트를 제외하고 전체 빽콤을 넣는다.

(83) 베이스 볼륨을 잡는다.

⑭ 좌측 사이드를 브러싱한다.

⑮ 백 사이드와 사이드를 연결시켜 핀을 고정한다.

⑯ T.P(Top Point)의 볼륨을 감안하여 빽콤을 넣는다.

⑰ 엄지와 검지로 잡고 부채꼴 모양으로 펼친다.

⑱ 빗끝을 사용하여 모발의 흐름을 잡는다.

⑲ 텐션을 유지하며 빗살에 걸어 떨어뜨린다.

⑳ 우측의 대칭 흐름으로 좌측을 잡는다.

㉑ 사이드에서 넘어온 모발은 잡지 않고 핀 위의 모발을 잡는다.

㉒ 핀이 보이지 않게 가린다.

㉓ 두정부의 면을 잡아 와선을 연출한다.

㉔ 스프레이 후 빗살을 받쳐 형을 잡고 안착시킨다.

㉕ U핀을 빼고 실핀으로 교체하여 완성시킨다.

3. 상위 업스타일 마무리하기 (4)

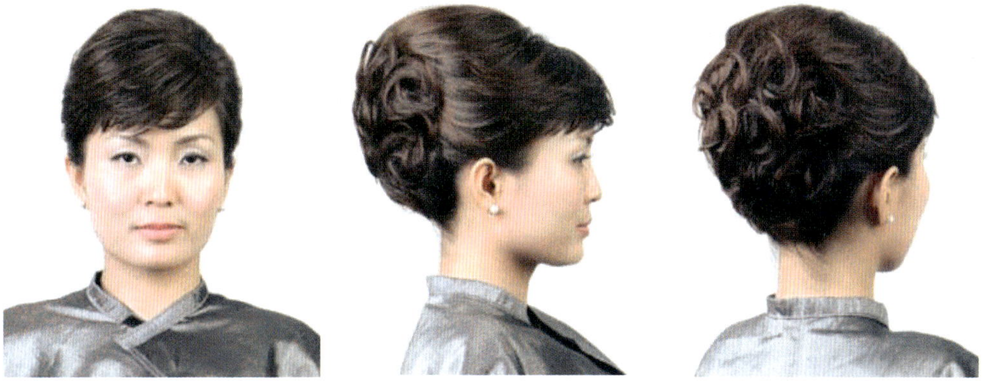

완성 사진

memo

Chapter 03

크리에이티브 업스타일 실습

9 th week

학습 내용(단원명)	수업 목표
크리에이티브 업스타일 실습	• 하위 업스타일을 준비할 수 있다. • 하위 업스타일을 진행할 수 있다. • 하위 업스타일을 마무리할 수 있다.

1. 하위 업스타일 준비하기 (1)

준비물
핀셋, 브러시, 꼬리빗, 핀, 왁스, 싱, 스프레이

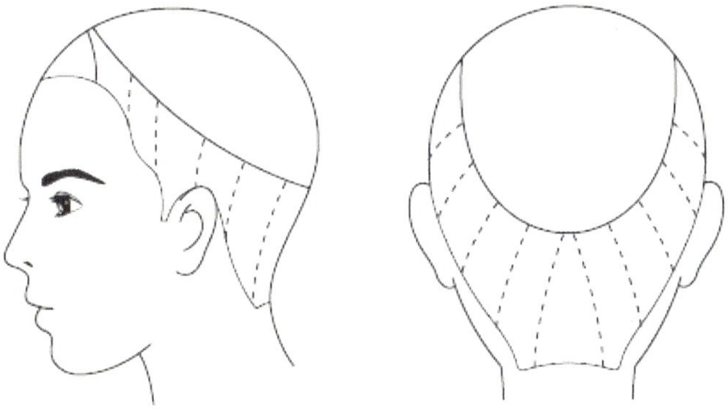

2. 하위 업스타일 진행하기 (1)

백 사이드 볼륨을 잡아 후두부의 계란형을 갖춰 형태의 안정감을 유지시킨다.

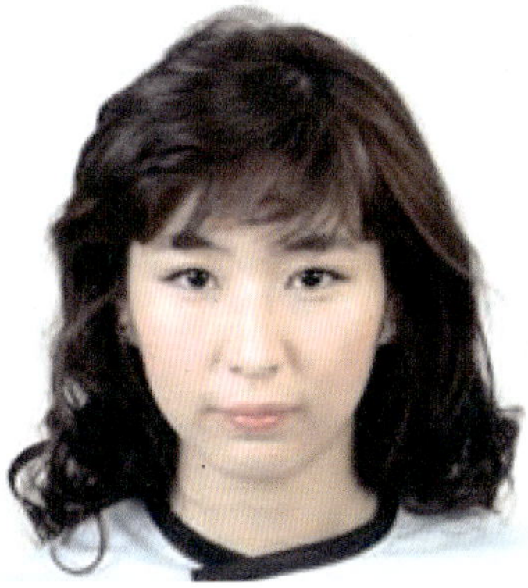

진행 전

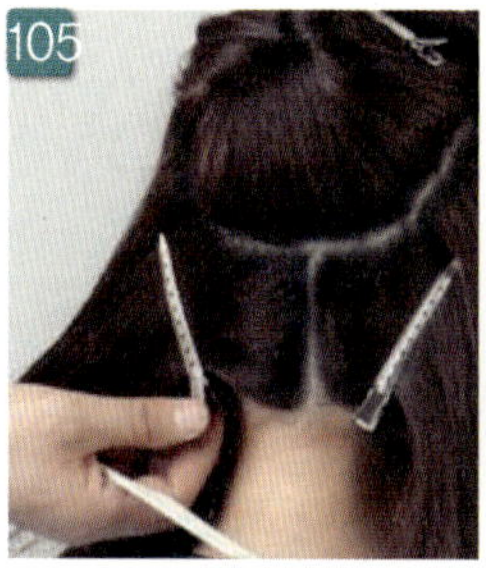

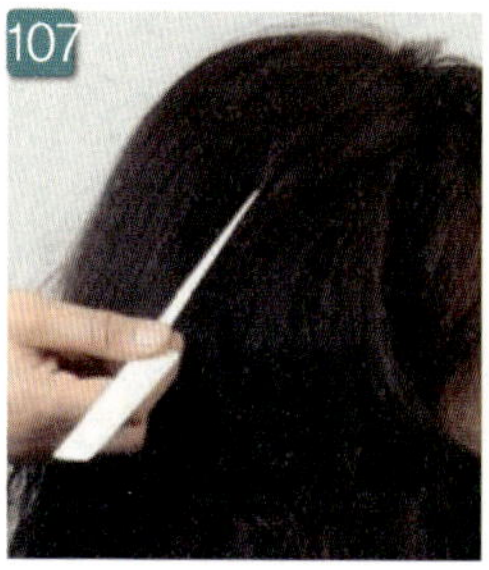

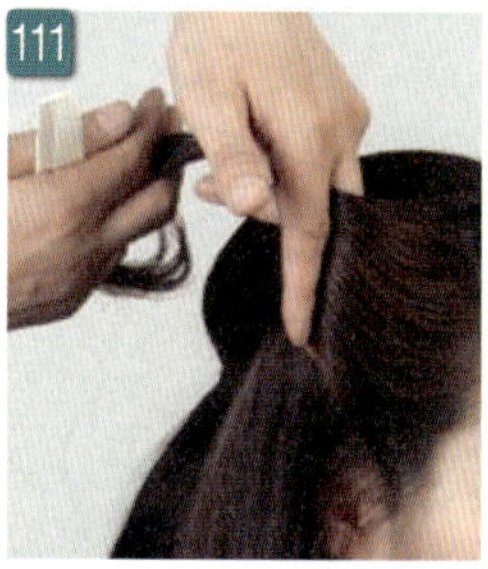

작품 설명

(96) 내측과 외측으로 나눈 후 외측을 N.P에서 좌우로 나눈다.

(97) 내측의 두정부 전체에 양감 빽콤을 넣는다.

(98) 빗 끝의 각을 낮춰 모발의 흐름을 잡는다.

(99) 빗 끝을 넣어 C의 형태로 볼륨을 잡는다.

(100) B.P(Back Point)에 고무줄을 사용하여 묶는다.

(101) 섹션을 잡는다.

(102) 손가락을 끼워 손목을 축으로 회전시킨다.

(103) 빗 끝을 사용하여 하단에서부터 말아 넣는다.

작품 설명

104 손을 바꿔 잡으면서 직선으로 꼬기를 한다.

105 직선 상태에서 섹션 방향으로 밀어 볼륨을 잡는다.

106 꺾어내려 블록의 경계위치에 고정한다.

⑩⑦ 가닥을 꼬아 꺾을 때 U핀을 꽂아 밀리지 않게 잡는다.

⑩⑧ 스프레이를 한 후 측면의 볼륨을 잡는다.

⑩⑨ 백 사이드 좌우에 핀이 자리할 빽콤을 넣는다.

⑪⓪ 네이프에 싱을 올려 토대 볼륨을 잡는다.

⑪① 섹션의 각을 잡아 빽콤을 넣는다.

⑪② 빗 끝을 넣어 볼륨을 잡는다.

⑪③, ⑪④ 싱 위에 가닥을 겹치지 않고 바로 고정한다.

⑪⑤ 끝머리 가닥을 잡아 왁스를 바른다.

⑪⑥ 평면 웨이브 기법으로 연출한다.

⑪⑦ U핀을 사용하여 위치를 잡는다.

⑪⑧ 스프레이 후 U핀을 실핀으로 바꿔 고정한다.

⑪⑨ 프런트는 사이드 뱅으로 마무리한다.

3. 하위 업스타일 마무리하기 (1)

완성 사진

memo

Chapter 03

크리에이티브 업스타일 실습

10th week

학습 내용(단원명)	수업 목표
크리에이티브 업스타일 실습	• 하위 업스타일을 준비할 수 있다. • 하위 업스타일을 진행할 수 있다. • 하위 업스타일을 마무리할 수 있다.

1. 하위 업스타일 준비하기 (2)

준비물
핀셋, 브러시, 꼬리빗, 핀, 스프레이, 싱

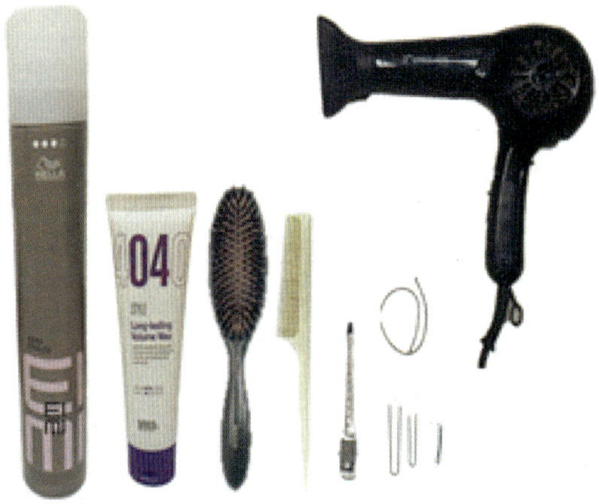

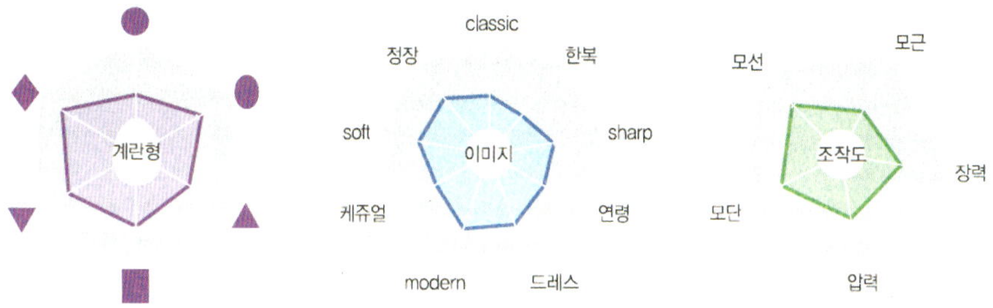

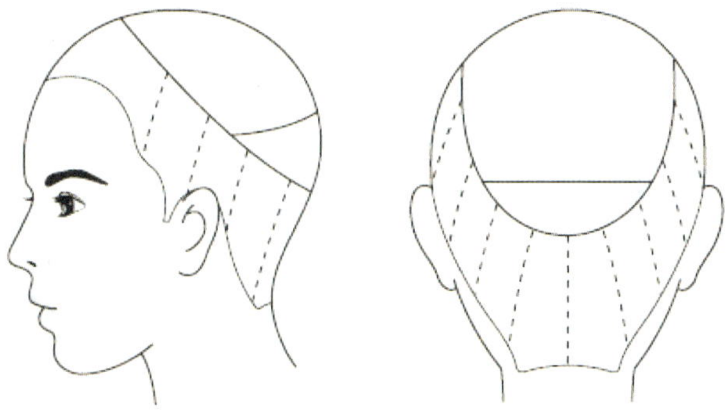

2. 하위 업스타일 진행하기 (2)

단순롤 기법에서 꺾기의 동작이 가미된 연출기법으로 반복되는 롤의 배열을 고려한다.

진행 전

작품 설명

120 프런트를 핀셋으로 고정한다.

121 내측의 영역을 네이프에 근접한 삼각형으로 잡는다.

122 B.P(Back Point) 아래로 삼각베이스를 잡아 빽콤을 넣는다.

123 손가락으로 감아 돌린다.

124 핀으로 고정하여 토대를 만든다.

125 내측 영역의 두정부 전체에 빽콤을 넣는다.

126 B.P(Back Point)에서 잡아 묶는다.

127 들뜨지 않도록 핀으로 연결시킨다.

137

138

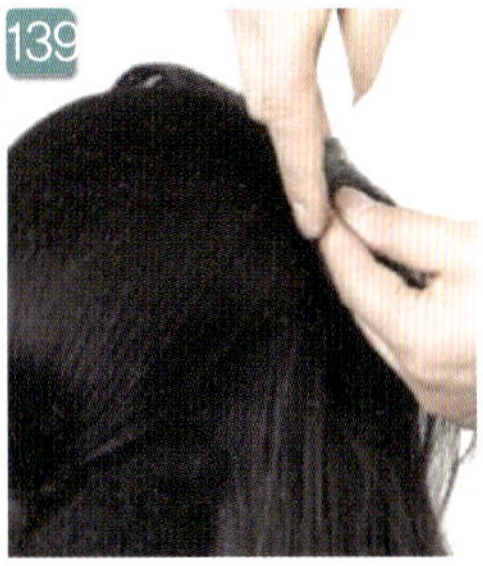
139

140

141

142

143

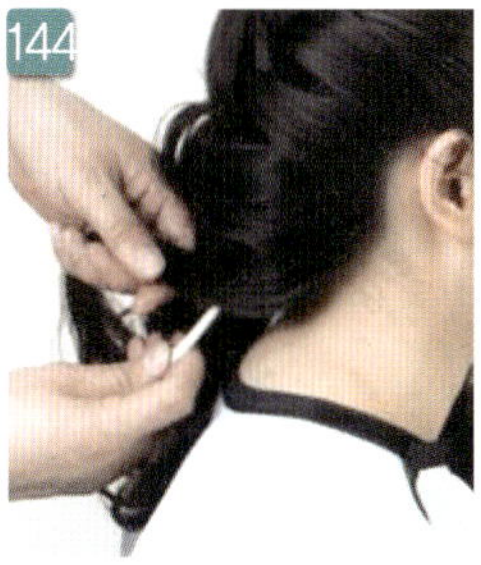
144

145

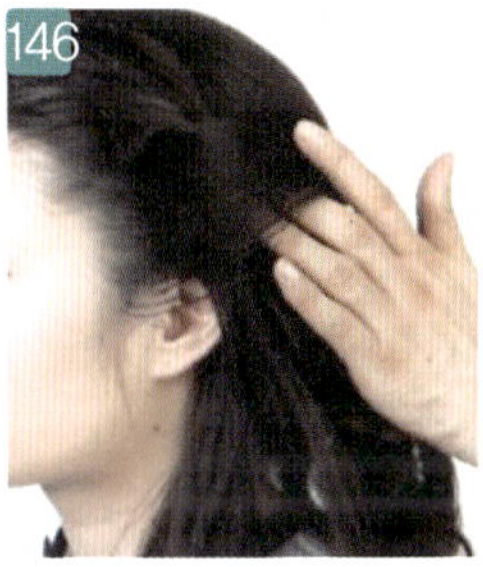
146

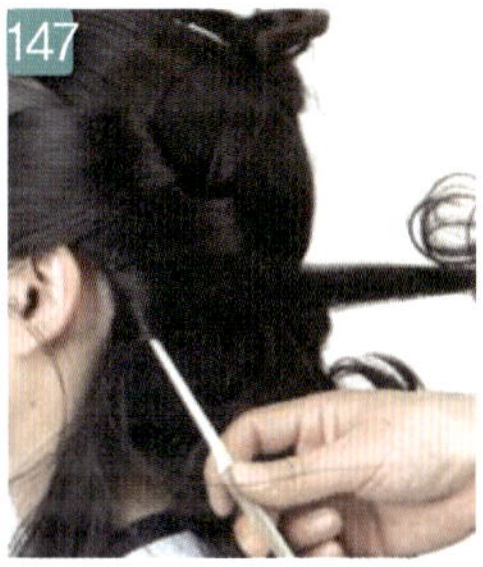
147

148

149

150

151

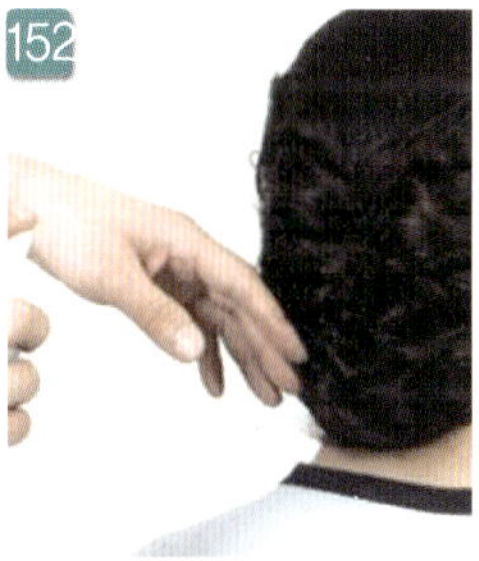
152

작품 설명

(128) 섹션에 왁스를 발라 정리한다.

(129), (130) 손가락을 회전시켜 고정한다.

(131) 슬라이스는 45도 이상을 유지한다.

⑬² 꺾기 기법을 응용하여 머리끝을 뺀다.

⑬³ 백 사이드 볼륨을 고려하여 빽콤을 넣는다.

⑬⁴ 빗 끝을 받쳐 볼륨을 잡는다.

⑬⁵ 볼륨, 형태, 질감을 확인하며 우측면을 마무리한다.

⑬⁶, ⑬⁷ 우측과 같은 방법으로 회전시킨다.

⑬⁸ 백 사이드에서는 빽콤을 넣어 볼륨을 잡아 롤을 연출한다.

⑬⁹ 끝머리를 정리한다.

⑭⁰ 루즈한 두 가닥 꼬기를 백 사이드까지 진행한다.

⑭¹ 면을 넓혀 고정한다.

⑭² 면을 넓혀가며 서로 교차시키고 U핀으로 임시 고정한다.

⑭³ 스프레이 후 드라이 열로 고정한다.

3. 하위 업스타일 마무리하기 (2)

완성 사진

memo

Chapter 03

크리에이티브 업스타일 실습

11 th week

학습 내용(단원명)	수업 목표
크리에이티브 업스타일 실습	• 하위 업스타일을 준비할 수 있다. • 하위 업스타일을 진행할 수 있다. • 하위 업스타일을 마무리할 수 있다.

1. 하위 업스타일 준비하기 (3)

준비물
핀셋, 브러시, 꼬리빗, 고무줄, 핀, 왁스, 싱, 아이론

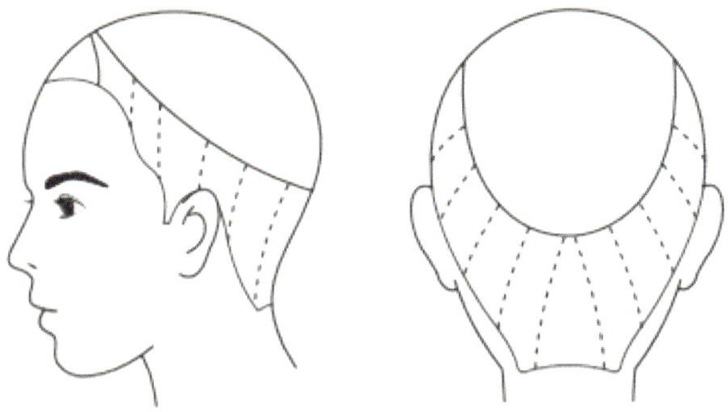

2. 하위 업스타일 진행하기 (3)

하위 양감패턴의 프레임으로 측면의 땋기와 내추럴한 질감으로 연출한다.

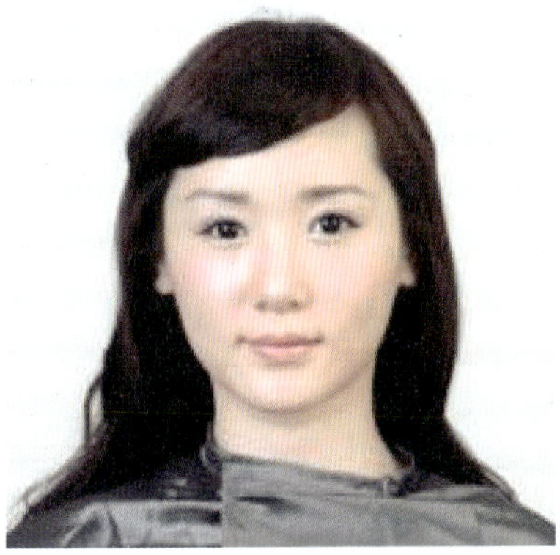

진행 전

153

154

155

156

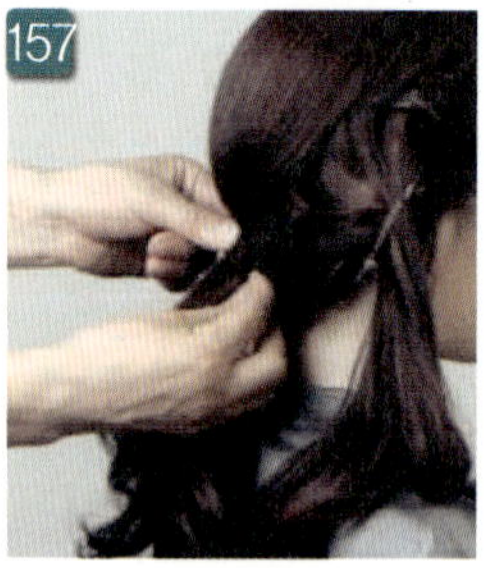

157

158

159

160

작품 설명

144 안과 바깥의 영역으로 나눈다.

145 후두부에 싱을 올려 토대를 만든다.

146 두정부에 빽콤을 넣는다.

147 면을 정리한 후 B.P(Back Point)에 묶는다.

148 묶음의 고무줄을 토대 위에 핀으로 다시 고정한다.

149, 150 측면의 섹션을 나누고 오버 브레이드 기본 동작을 한다.

151 손을 바꿔가며 가닥을 빼어 놓는다.

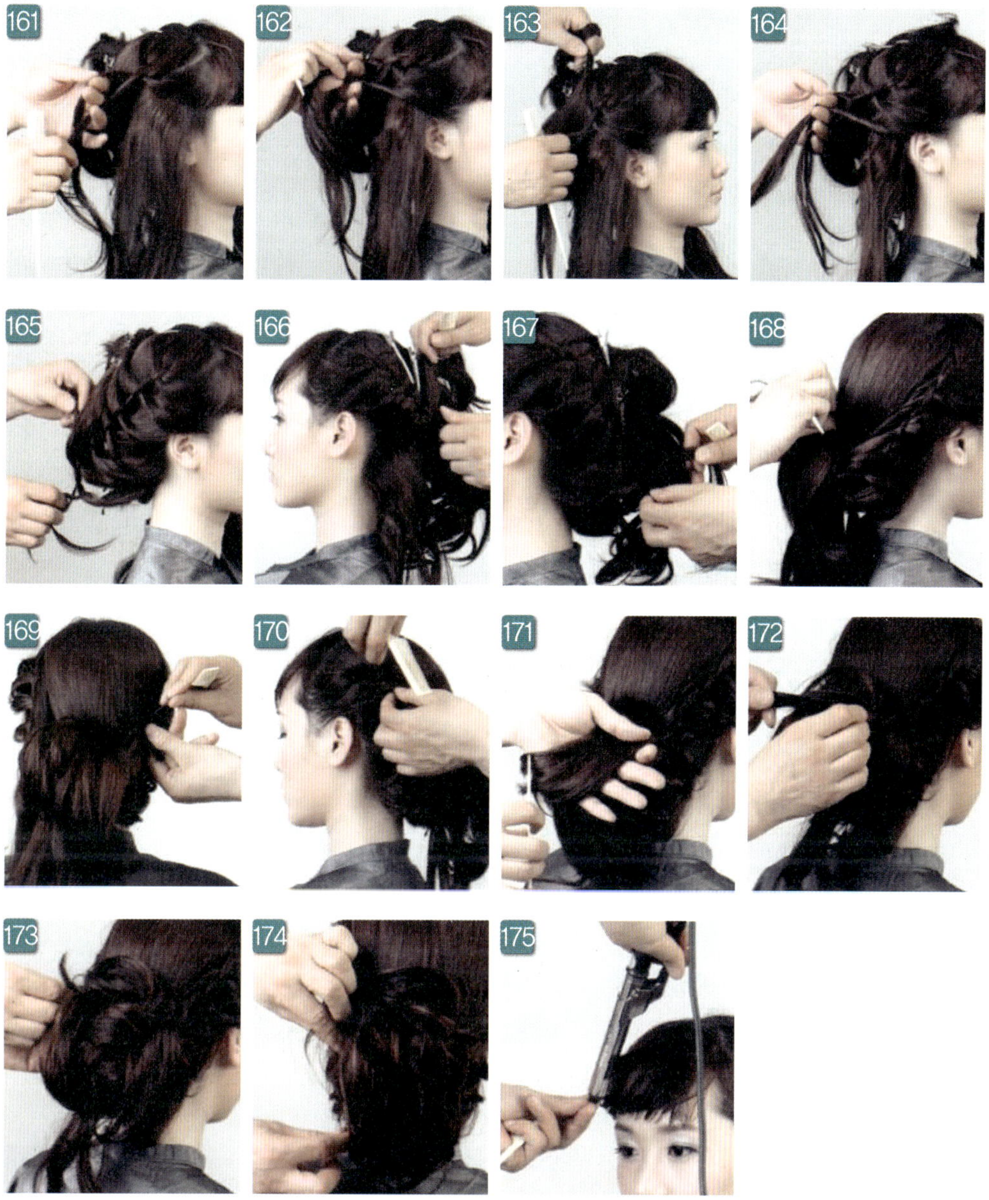

작품 설명

(152) 두 가닥을 바꿔 잡는다.

(153) 섹션을 잡아 역방향으로 꼰다.

(154) 손을 바꿔 잡아 가닥을 제쳐 놓는다.

⑮ 역방향으로 꼬기를 한다.

⑯ 네이프까지 진행하고 마지막 가닥은 토대 위에 고정한다.

⑰, ⑱ 좌측은 우측의 손의 역할이 좌우로 바뀔 뿐 동일한 방법으로 진행한다.

⑲ B.P(Back Point) 좌우에 고정한다.

⑳, ㉑ 매듭의 위치를 핀으로 고정하여 잡는다.

㉒ 끝머리에 왁스를 바르고 정리한다.

㉓ 상단의 가닥을 꼬아 가닥 빼기를 한다.

㉔ 핀으로 고정한다.

㉕ 하단은 떨어지는 질감으로 연출한다.

㉖ 방향만 틀어 아이론으로 뱅을 연출한다.

3. 하위 업스타일 마무리하기 (3)

완성 사진

memo

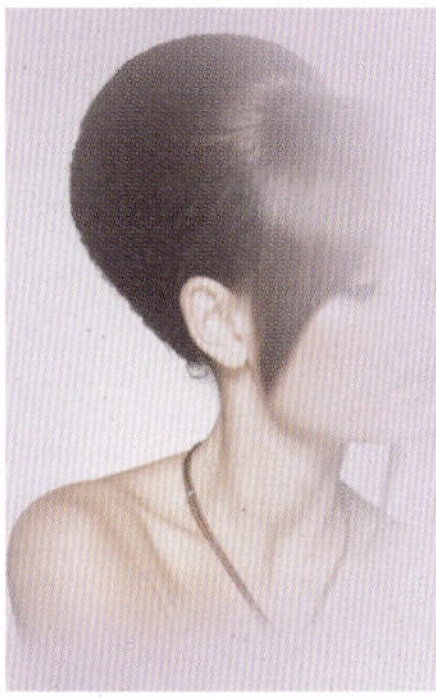

Chapter 03

크리에이티브 업스타일 실습

12th week

학습 내용(단원명)	수업 목표
크리에이티브 업스타일 실습	• 하위 업스타일을 준비할 수 있다. • 하위 업스타일을 진행할 수 있다. • 하위 업스타일을 마무리할 수 있다.

1. 하위 업스타일 준비하기 (4)

준비물
핀셋, 브러시, 꼬리빗, 핀, 왁스, 드라이기

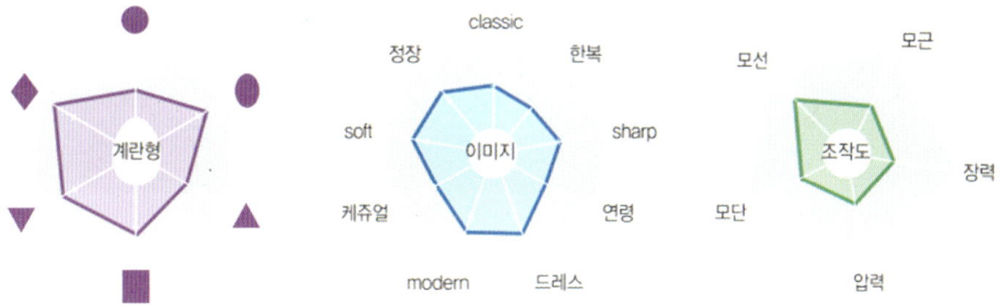

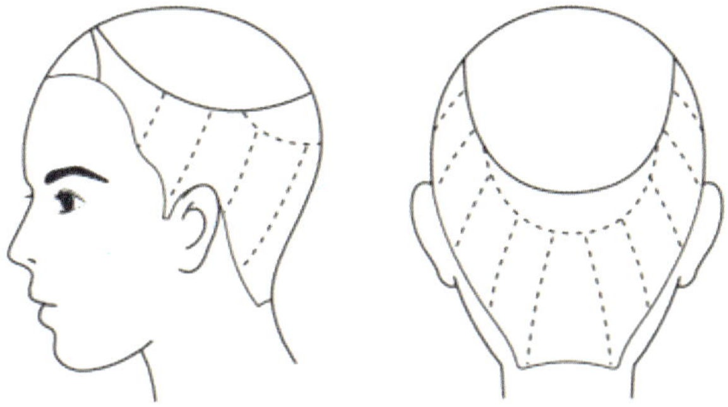

2. 하위 업스타일 진행하기 (4)

하위 3단 양감패턴으로 로맨틱한 분위기를 연출한다.

진행 전

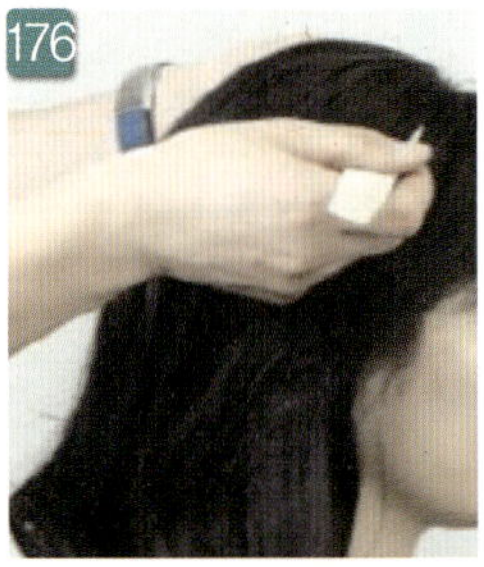

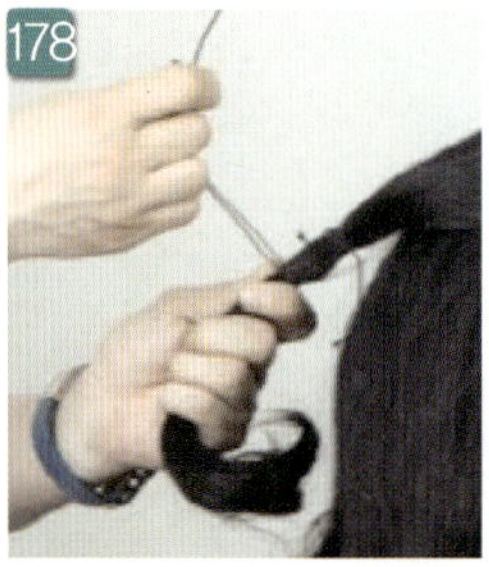

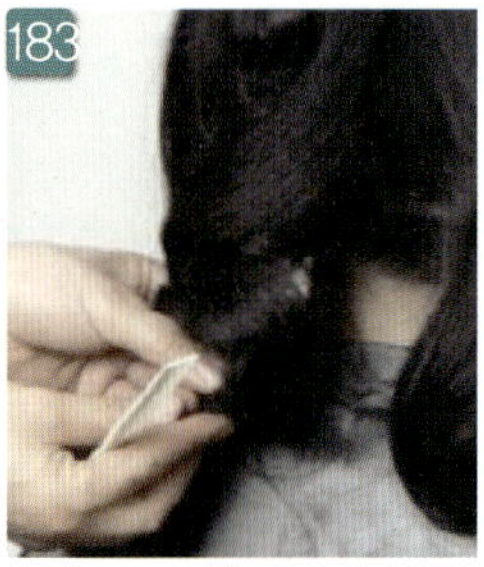

작품 설명

(167), (168) 프런트 뒤에서부터 크라운 영역을 B.P(Back Point) 위에 느슨하게 잡는다.

(169) 두정부를 여유롭게 묶고 간격을 두어 또 한 번 묶는다.

(170) 묶음의 중간을 꺾어 올린다.

(171) 두피에 붙여 고정한다.

(172) 아래 섹션을 잡는다.

(173) 두 가닥으로 나누고 빽콤을 넣어 롤의 형태로 교차한다.

(174) 핀으로 고정한다.

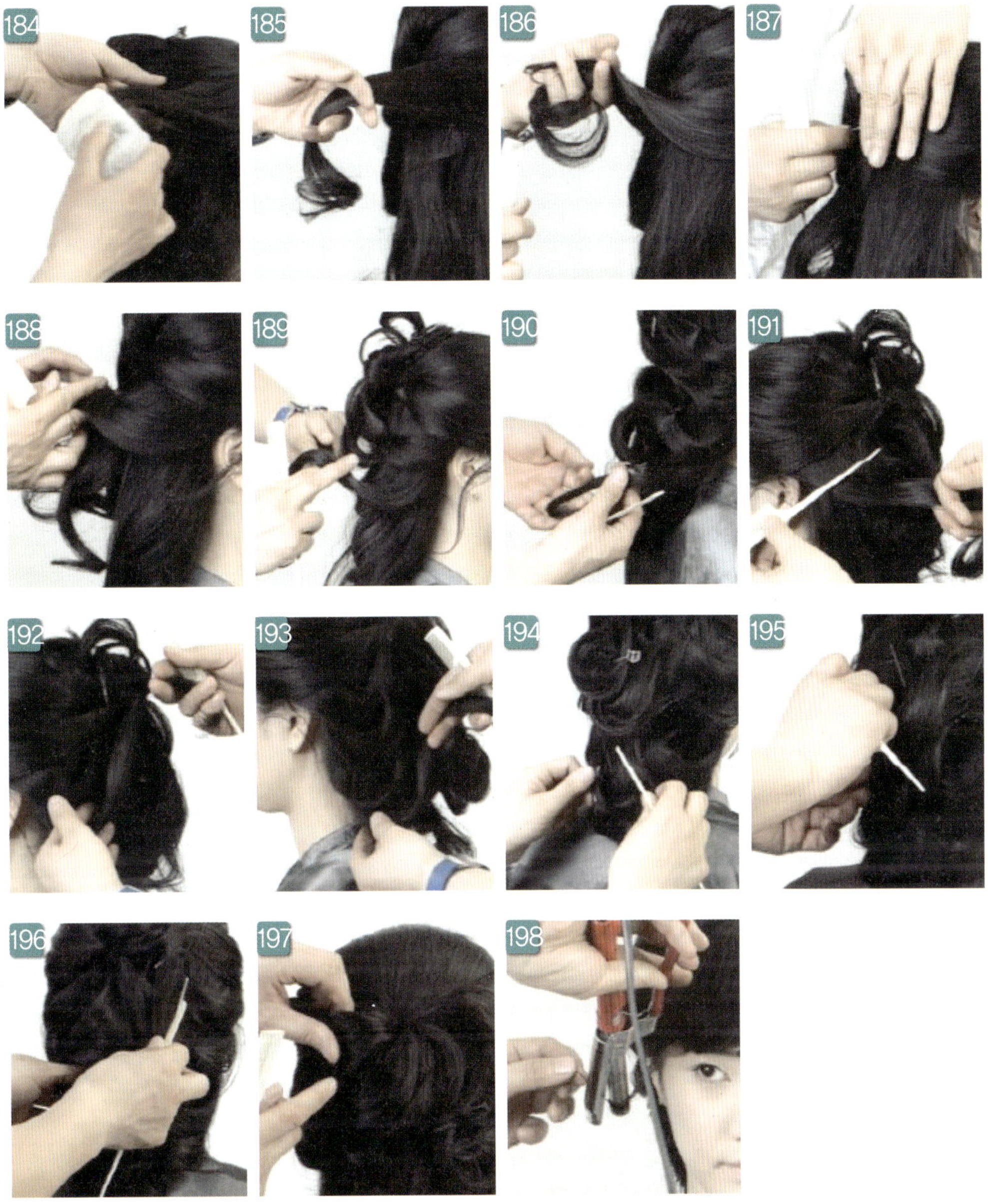

작품 설명

⑰⑤ 사선 슬라이스하여 왁스를 바른다.

⑰⑥ 자연텐션으로 잡는다.

⑰⑦ 손목을 뒤집어 느슨하게 모류를 잡는다.

⑰⑧ 핀으로 고정한다.

⑰⑨ 섹션을 손가락으로 바꿔잡아 느슨하게 고정한다.

⑱⓪ 하단의 고정은 B.P(Back Point)에 잡은 롤에 고정한다.

⑱① 우측의 마지막 섹션까지 걷어 올린다.

⑱② 빗 끝으로 면을 꺾는다.

⑱③, ⑱④ 손으로 잡아 면을 넓힌다.

⑱⑤ 끝머리를 넓게 편다.

⑱⑥ U핀으로 임시 고정한다.

⑱⑦ 밑에 놓인 가닥에 고정한다.

⑱⑧ 상단의 모발을 떨어뜨려 결을 잡고 고정한다.

⑱⑨ 페이스라인의 모발은 리버스로 와인딩하여 펼친다.

3. 하위 업스타일 마무리하기 (4)

완성 사진

memo

13th week

Chapter 03

크리에이티브 업스타일 실습

학습 내용(단원명)	수업 목표
크리에이티브 업스타일 실습	• 다운 업스타일을 준비할 수 있다. • 다운 업스타일을 진행할 수 있다. • 다운 업스타일을 마무리할 수 있다.

1. 다운 업스타일 준비하기 (1)

준비물
핀셋, 브러시, 꼬리빗, 핀, 고무줄, 왁스, 스프레이, 드라이기

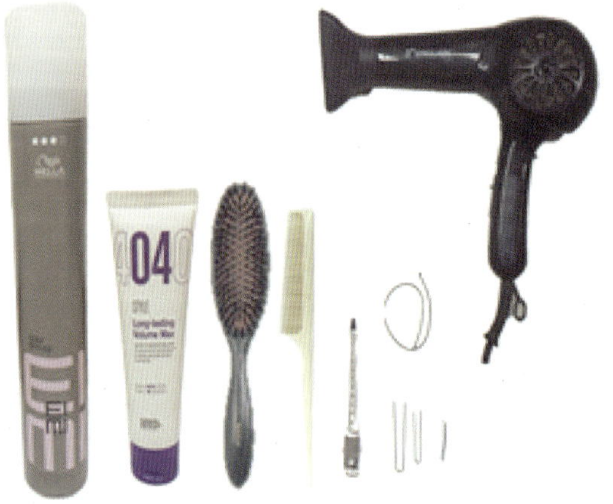

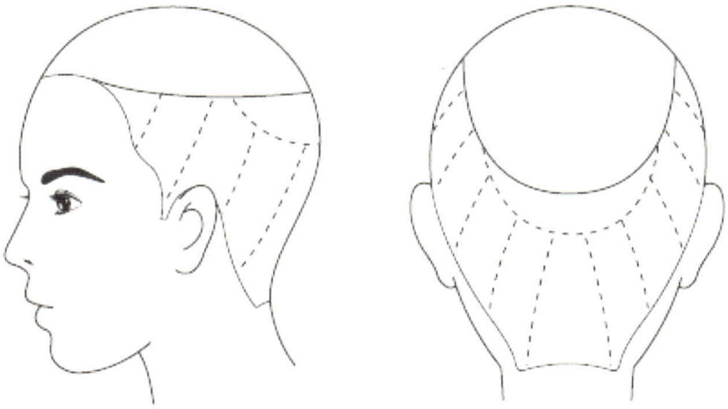

2. 다운 업스타일 진행하기 (1)

후두부로 편안하게 넘겨 B.P에 베이스를 두고 굵은 입체 웨이브를 떨어뜨려 연출한다.

진행 전

작품 설명

190 F.S.P(Front Side Point)에서 B.P(Back Point)와 G.P(Golden Point) 중간지점까지 연결하여 잡는다.

191 슬라이스 라인이 노출되지 않도록 묶는다.

192 3~4cm의 간격을 두고 또 한 번 묶는다.

193 매듭의 중간을 꺾듯이 접어 고정한다.

194 측면의 섹션을 손가락 사이에 끼워 잡는다.

195 앞으로 살짝 밀면서 180도 회전한다.

196 한 번 더 회전시켜 두피에 밀착한 후 고정한다.

197 느슨하게 텐션을 잡고 뒤집듯이 고정한다.

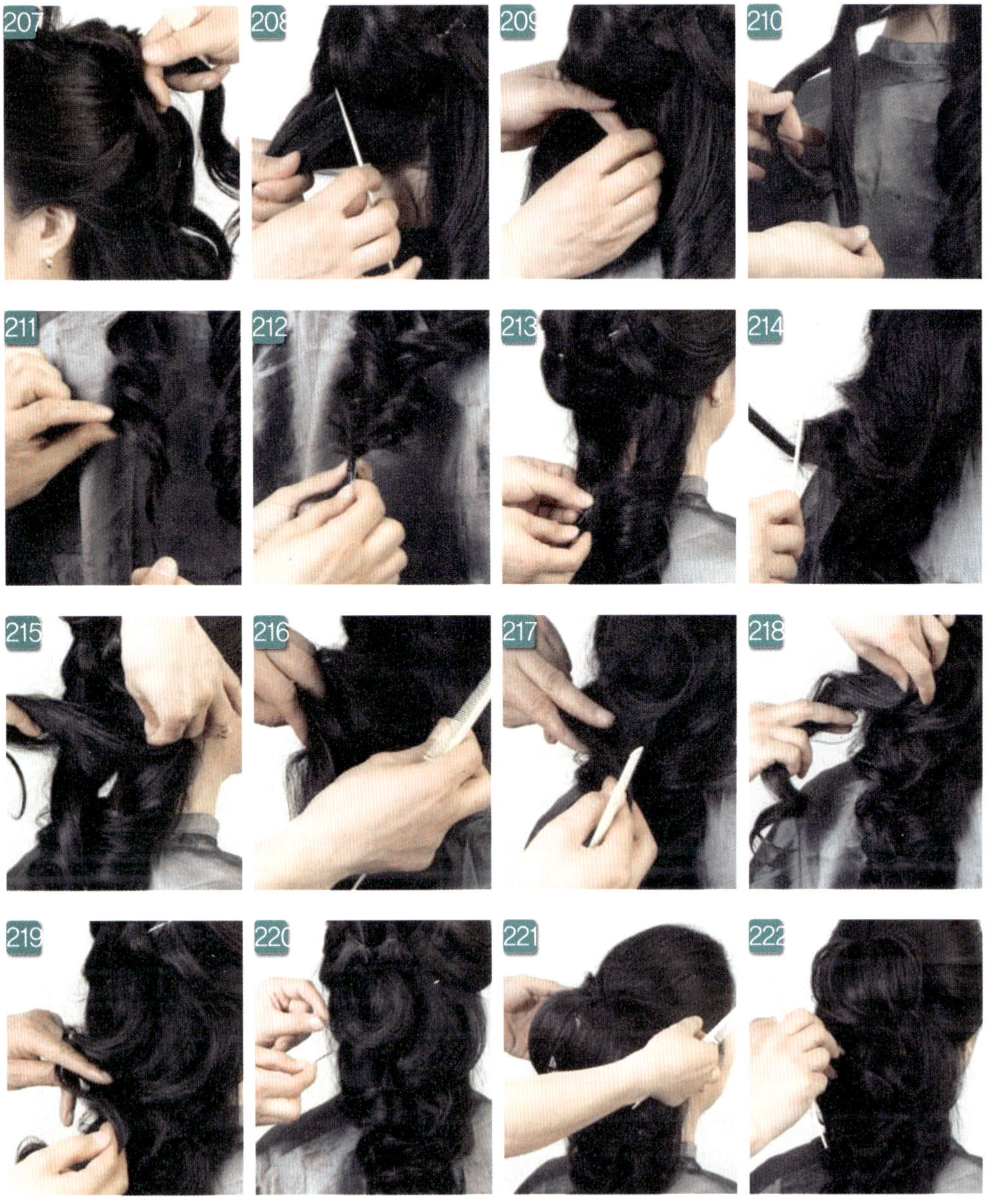

작품 설명

198 좌우의 측면을 루즈꼬기 기법으로 진행한다.

199 백 사이드 좌우에 모든 빽콤을 넣는다.

200 핀을 꽂아 백 사이드가 좁아지지 않도록 한다.

⑳① 백 사이드를 느슨하게 새끼꼬기를 한다.

⑳② 가닥빼기를 한다.

⑳③ 두 가닥을 모발로 감아 돌려 핀으로 고정한다.

⑳④ 중간 부위에도 핀으로 좌우 가닥을 연결한다.

⑳⑤ 지그재그 형식의 면 빽콤을 넣는다.

⑳⑥, ⑳⑦ 손을 틀어 C컬을 만든 후 U핀으로 고정한다.

⑳⑧, ⑳⑨ 손을 뒤집어 가져오면서 반복하여 입체 웨이브를 만든다.

㉑⓪ 웨이브를 핀으로 고정하면서 진행한다.

㉑① 하단의 모발과 함께 잡아 고정한다.

㉑② 마지막 상단에 빽콤을 넣은 후 펼친다.

㉑③ 스프레이 후 드라이로 열을 주어 마무리한다.

3. 다운 업스타일 마무리하기 (1)

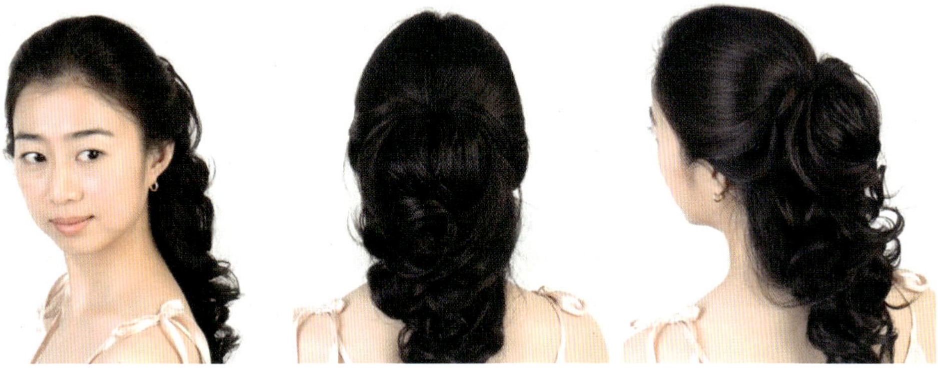

완성 사진

memo

Chapter 03

크리에이티브 업스타일 실습

14th week

학습내용(단원명)	수업 목표
크리에이티브 업스타일 실습	• 다운 업스타일을 준비할 수 있다. • 다운 업스타일을 진행할 수 있다. • 다운 업스타일을 마무리할 수 있다.

1. 다운 업스타일 준비하기 (2)

준비물
핀셋, 브러시, 꼬리빗, 고무줄, 핀, 스프레이, 드라이기

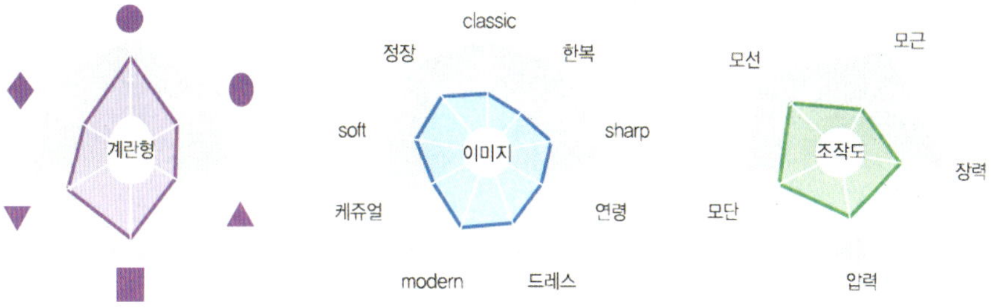

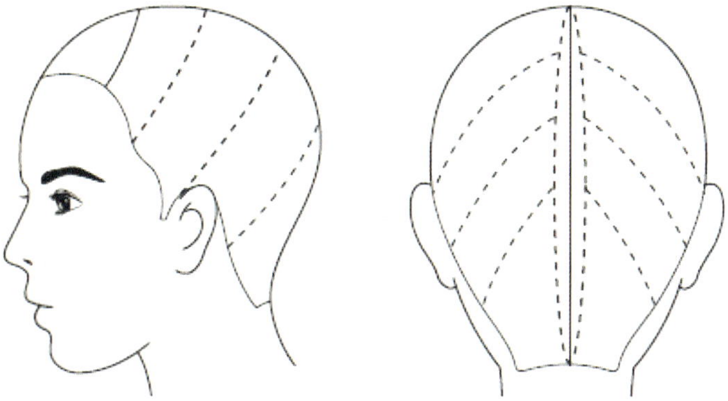

2. 다운 업스타일 진행하기 (2)

필요한 모발 길이의 조절과 빠른 작업을 위한 방법으로 꺾기의 기법을 활용한다.

진행 전

작품 설명

214 프런트 영역을 잡는다.

215 정중선을 따라 좌우로 나눈다.

216 약간 사이드 방향으로 잡는다.

217 슬라이스 라인을 따라 빗 끝으로 누른다.

218 360° 역행 꼬기 기법으로 회전시킨다.

219 가닥을 밀고 빗 끝을 앞에서 들어 올리듯 밀어 볼륨을 잡는다.

220 U핀으로 임시 고정하여 형을 안정시킨다.

221 정중선에 빽콤을 넣어 핀이 꽂힐 토대를 만든다.

작품 설명

222 섹션을 잡아 꺾기를 진행한다.

223 섹션을 잡고 꺾어 면을 연출한다.

224 섹션의 결이 잘 나타나도록 진행한다.

225 사선 슬라이스하여 섹션을 잡는다.

226, 227 꺾기를 하여 길이를 조절한다.

228 네이프 라인은 측면으로 끌어올리지 않는다.

229 길게 늘어뜨린다.

230 측면을 연출한다.

231 스프레이를 한다.

232 드라이의 열로 고정하며 정리한다.

3. 다운 업스타일 마무리하기 (2)

완성 사진

memo

Chapter 03

크리에이티브 업스타일 실습

15th week

학습 내용(단원명)	수업 목표
크리에이티브 업스타일 실습	• 다운 업스타일을 준비할 수 있다. • 다운 업스타일을 진행할 수 있다. • 다운 업스타일을 마무리할 수 있다.

1. 다운 업스타일 준비하기 (3)

준비물
핀셋, 브러시, 꼬리빗, 핀, 왁스, 고무줄, 싱, 스틱, 스프레이, 드라이기

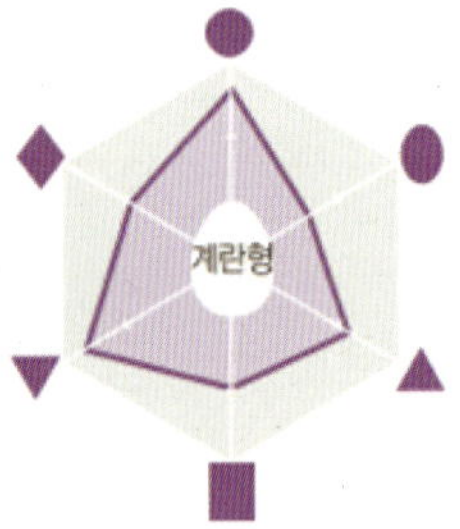

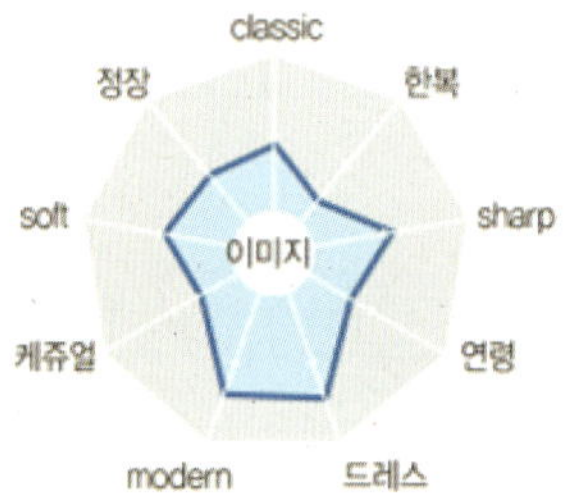

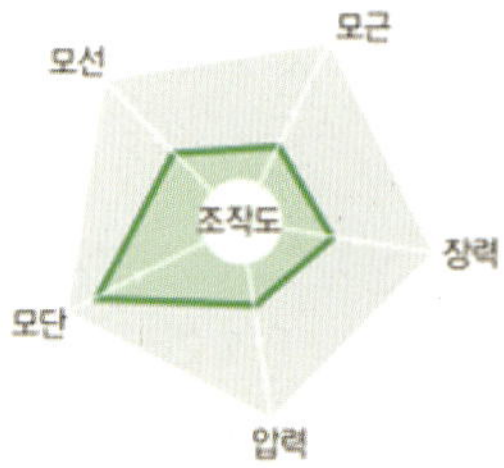

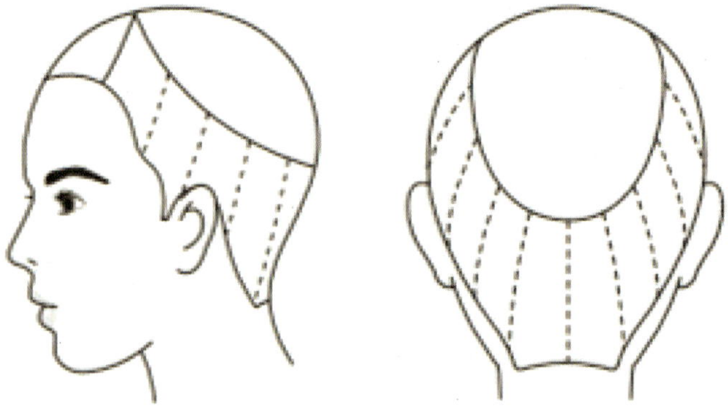

2. 다운 업스타일 진행하기 (3)

다운 스타일에서 나타나는 상위의 빈약함을 돔으로 커버하여 얼굴형을 보완한다.

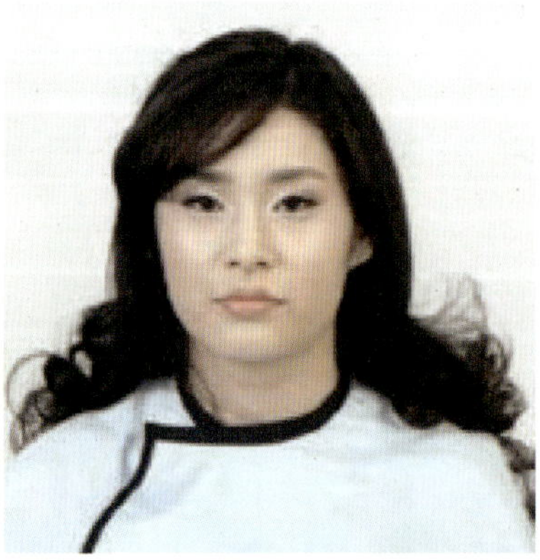

진행전

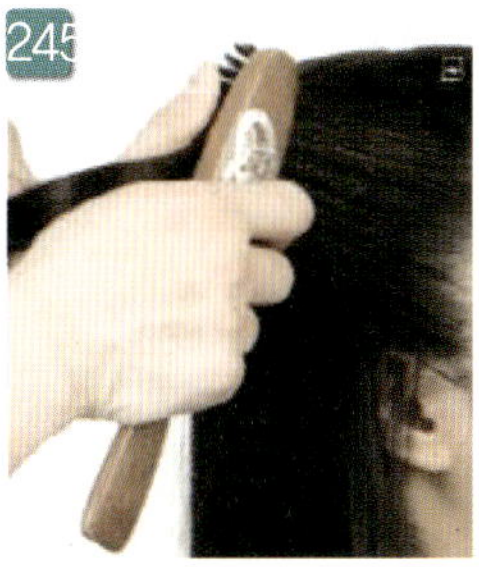

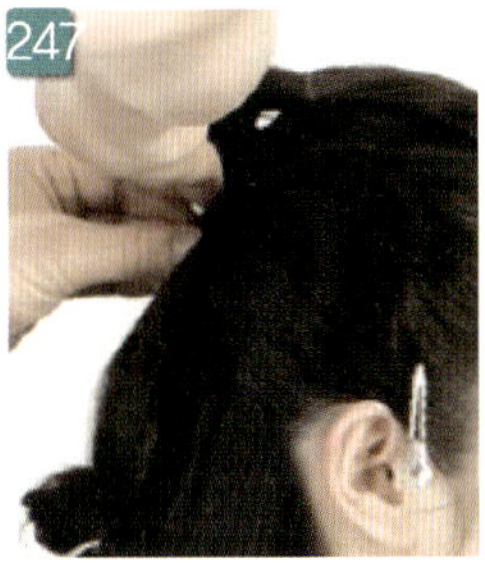

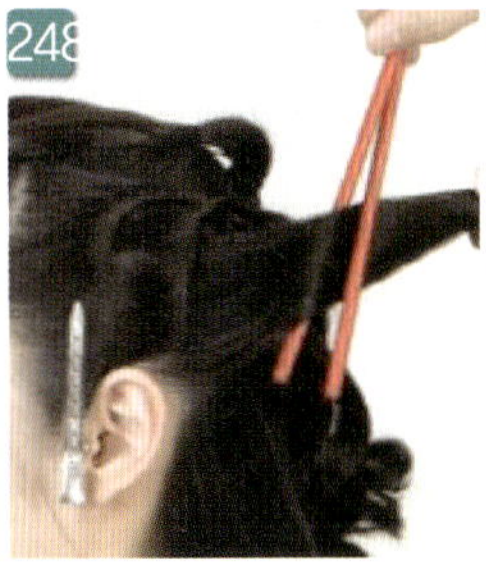

작품 설명

233 프런트의 뒤부터 안쪽 영역을 잡아 G.P에 묶는다.

234 U핀을 꺾어 고정 핀을 만든다.

235 묶음 다발을 앞으로 넘겨 고정한다.

236 사선 슬라이스 하여 왁스를 바르고 면을 정리한다.

237 스틱을 넣어 꺾는다.

238 묶음의 측면을 토대 삼아 고정한다.

239 좌측의 스틱 꺾기를 진행한다.

240 싱을 G.P(G Point)에 고정한다.

작품 설명

241 싱을 빗 끝으로 눌러 머리 다발을 뒤로 넘겨 잡는다.

242 면 넓히기를 진행한다.

243 손을 바꿔 좌측을 진행한다.

㉔4 돔의 하단을 꼬아 고정한다.

245 후두부에 싱을 올려 토대를 만든다.

246, 247 백 사이드의 볼륨을 감안하여 힘을 가하지 않고 잡아 고정한다.

248 반대편도 동일하게 진행한다.

249 끝머리의 가닥을 나누어 입체 웨이브 형태로 배열한다.

250, 251, 252 엇갈린 방향으로 틀면서 찢듯이 반복하면서 웨이브를 U핀으로 임시 고정한다.

253 스프레이로 고정한다.

254 드라이의 열로 웨이브 형태를 잡는다.

255 프런트의 측면 흐름으로 뱅을 연출한다.

256 U핀을 제거하고 실핀으로 교체한다.

3. 다운 업스타일 마무리하기 (3)

완성 사진

memo

Chapter 03

크리에이티브 업스타일 실습

16 th week

학습 내용(단원명)	수업 목표
크리에이티브 업스타일 실습	• 헤어액세서리를 만들 수 있다.(1) • 헤어액세서리를 만들 수 있다.(2) • 헤어액세서리를 만들 수 있다.(3) • 헤어액세서리를 만들 수 있다.(4)

1. 헤어액세서리 만들기 (1)

준비물
롤 피스, 구슬, U핀, 가위, 글루건

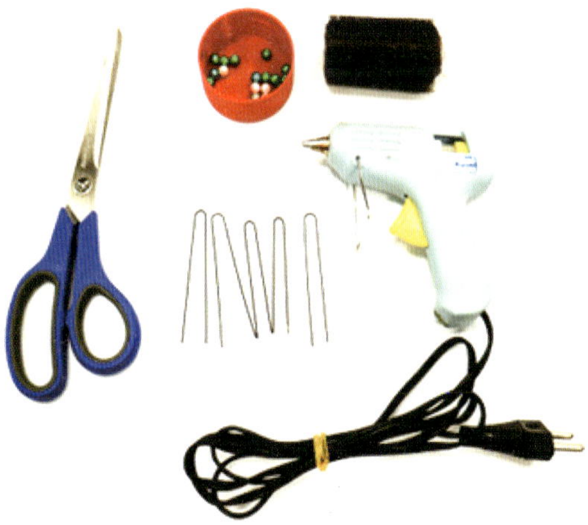

266

267

268

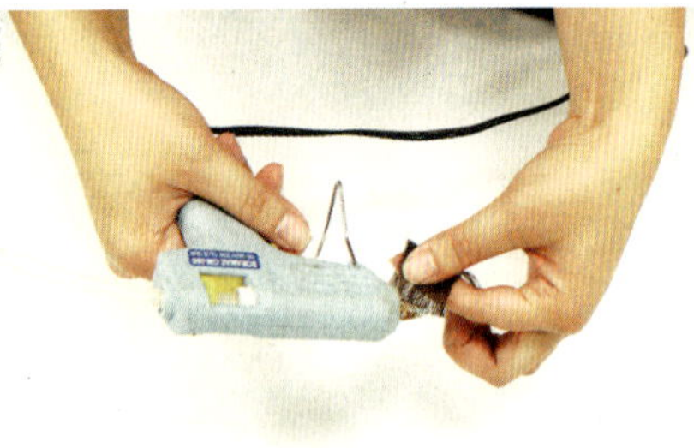

269

270

271

272

273

274

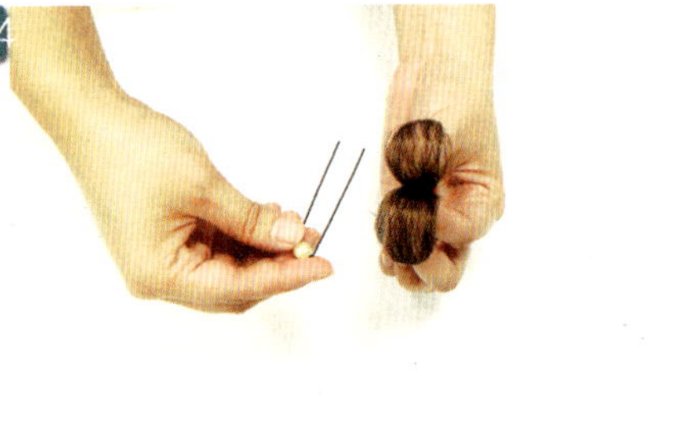

275

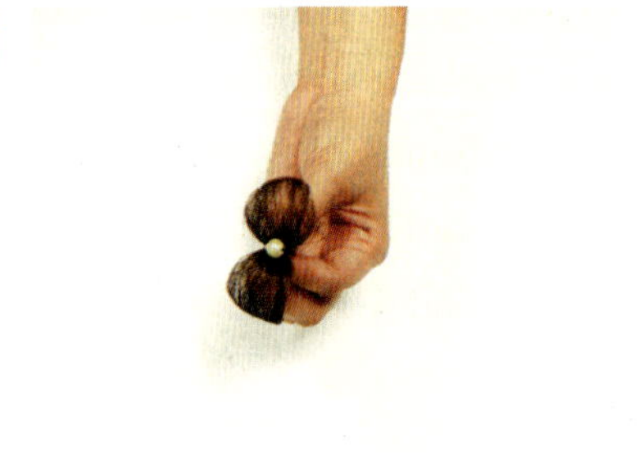

작품 설명

㉗ 피스를 적당한 크기로 자른다.

258 자른 모습.

259 글루건을 붙인다.

260 피스 끝을 모은다.

261 여러 개 준비해 둔다.

262 가위로 모양을 낸다.

263 글루건을 끝에 붙인다.

264 피스 두개를 붙인다.

265, 266 구슬을 끼운 U핀을 세로결에 맞춰 끼운다.

완성 사진(롤 피스를 이용한 꽃 헤어액세서리)

2. 헤어액세서리 만들기 (2)

준비물
롤 피스, U핀, 가위, 글루건

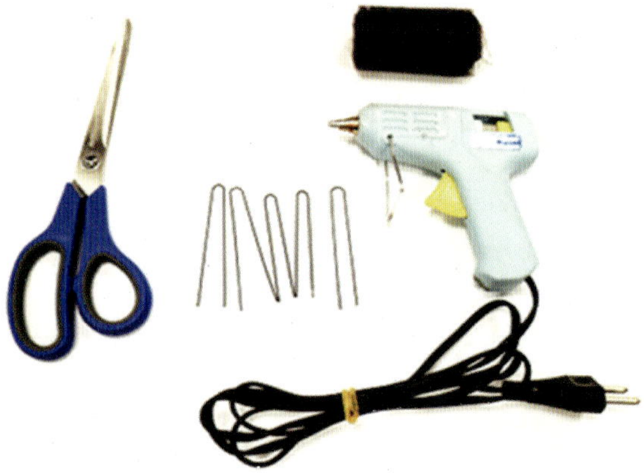

1

2

3

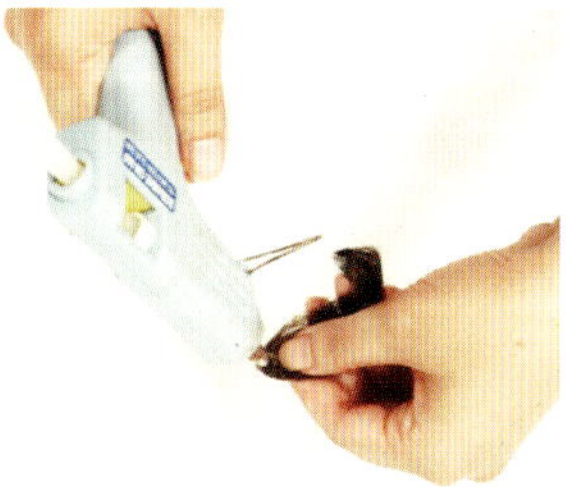

4

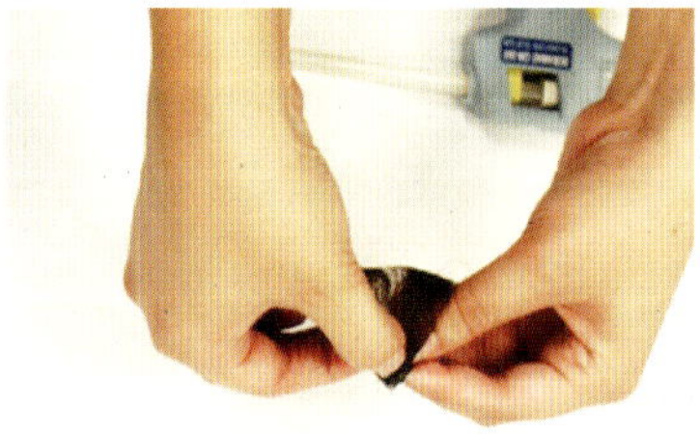

5

6

7

8

9

10

작품 설명

① 가로로 자른 피스를 세로로 나눈다.

② 피스 끝을 글루건으로 붙인다.

③ 양쪽 끝을 모아서 붙인다.

④ 양쪽 끝을 서로 붙인다.

⑤ 리본 한쪽 완성 모습.

⑥ 피스 두 개를 서로 붙인다.

⑦ 기본 가운데를 감쌀 피스를 준비한다.

⑧ 글루건을 이용하여 가운데를 감싼다.

⑨ 리본을 완성한다.

⑩ U핀을 글루건으로 붙인다.

완성 사진(롤 피스를 이용한 리본 헤어액세서리)

3. 헤어액세서리 만들기 (3)

준비물
부직포, 스프레이 접착제, 반짝이, 가위, 장식스티커, 꽃 수술, 글루건, 공병

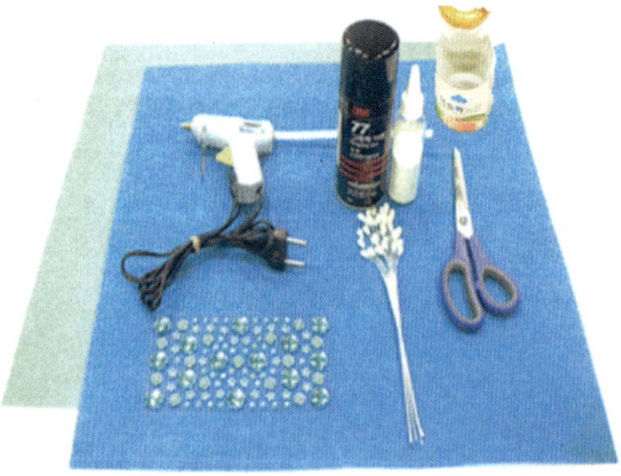

1
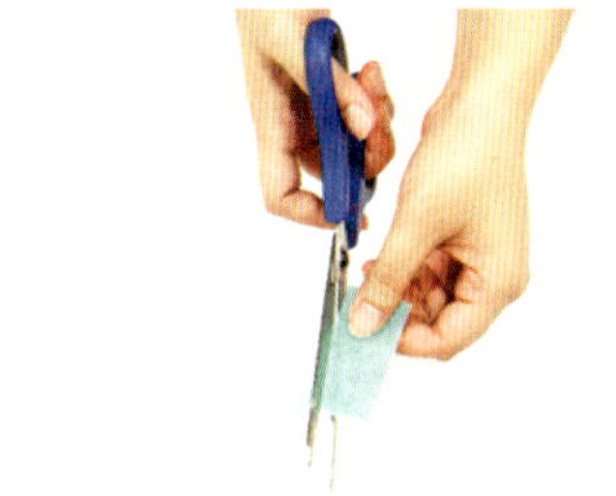

2

3
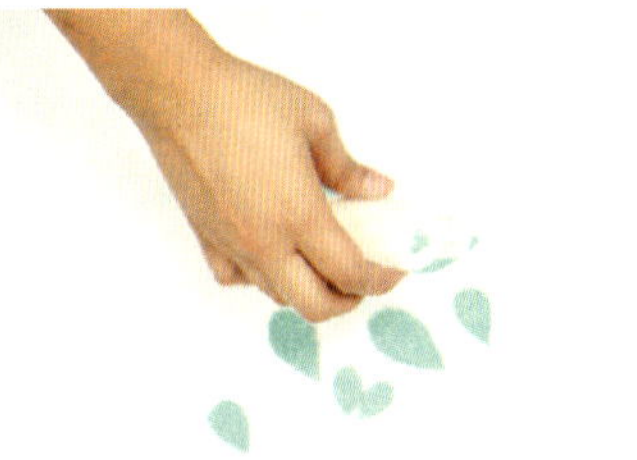

4

5
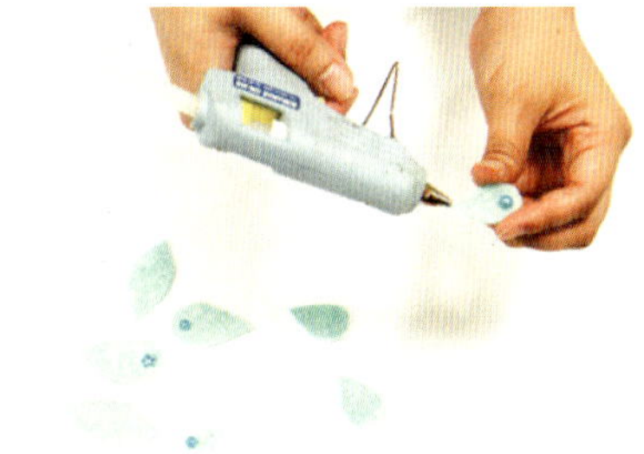

6

7

8
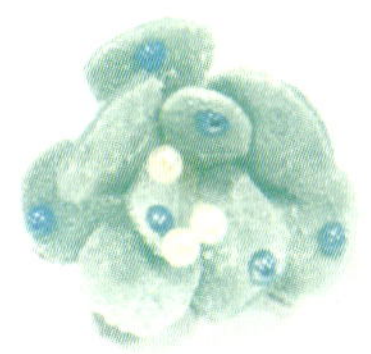

9

10
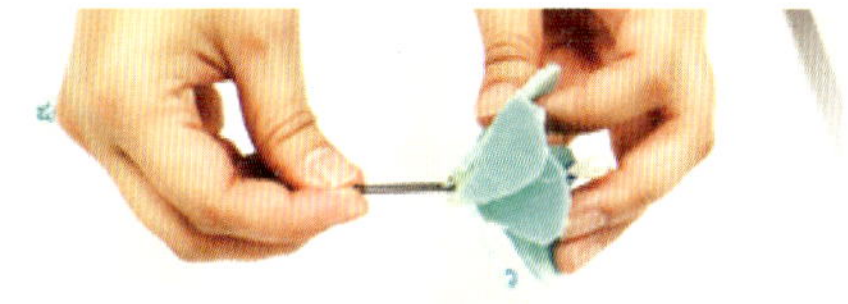

작품 설명

① 부직포를 꽃잎 모양으로 자른다.

② 스프레이 접착체를 뿌린다.

③ 반짝이를 뿌린다.

④ 장식을 붙여준다.

⑤ 부직포 끝에 글루건을 붙인다.

⑥ 공병 뚜껑에 꽃 수술과 꽃잎을 붙인다.

⑦ 꽃모양을 만들어가며 붙인다.

⑧ 꽃모양 모습.

⑨ 끝에 글루건을 붙인다.

⑩ U핀을 붙인다.

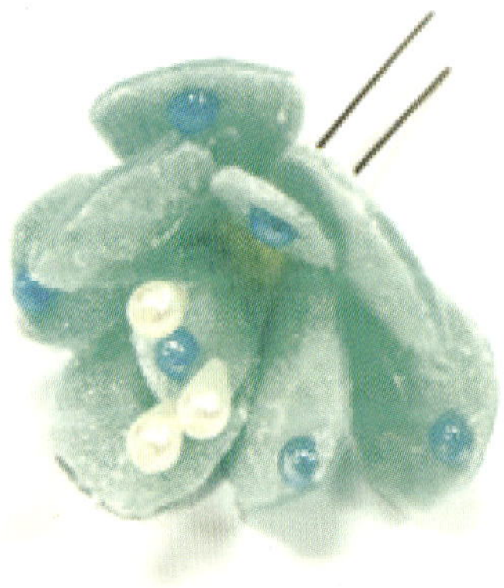

완성 사진(부직포를 이용한 꽃 헤어액세서리)

4. 헤어액세서리 만들기 (4)

준비물
부직포, 스프레이 접착제, 반짝이, 가위, 장식스티커, 꽃 수술, 글루건, 공병

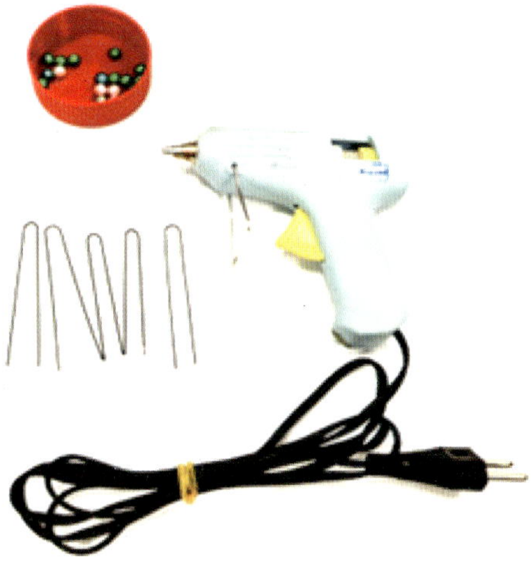

1

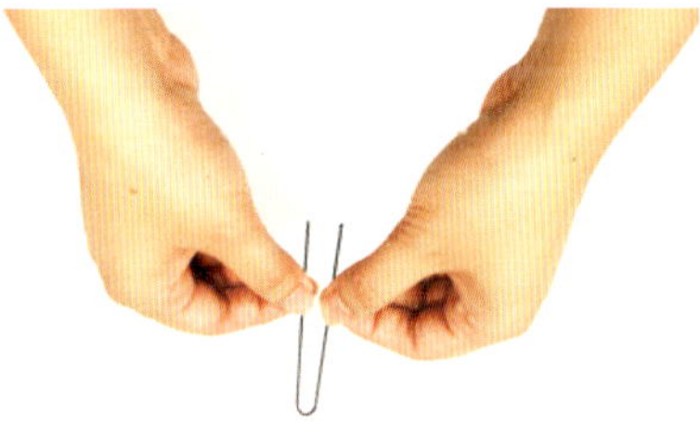

2

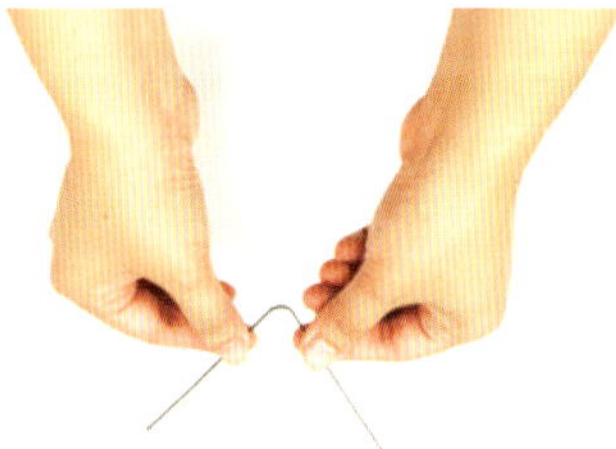

3

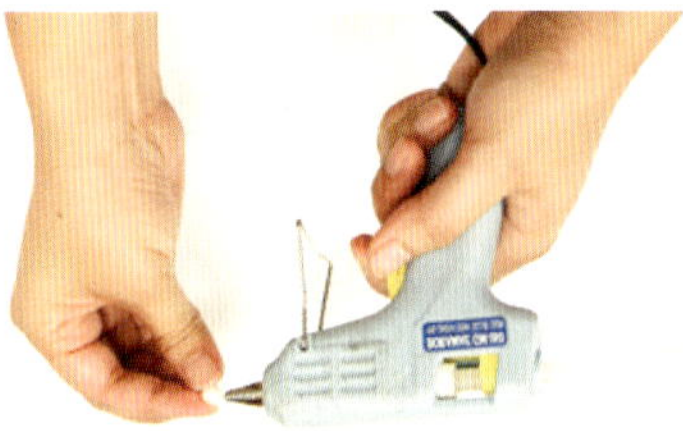

4

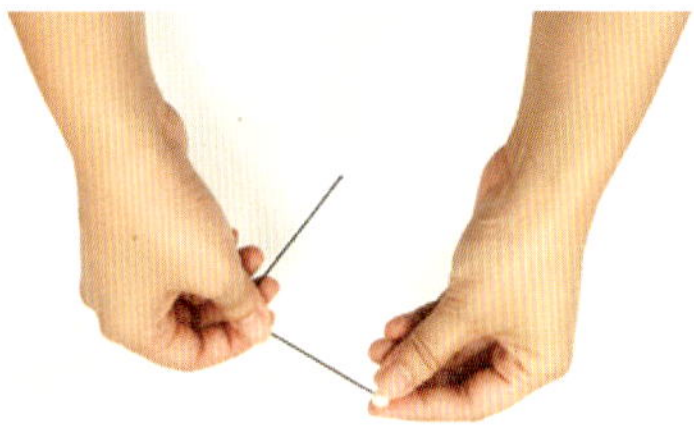

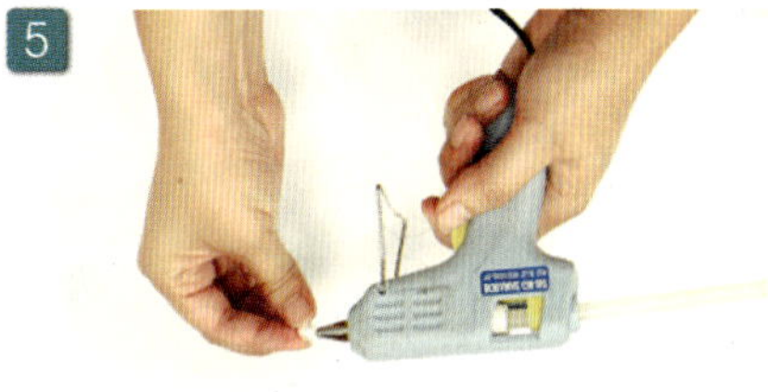

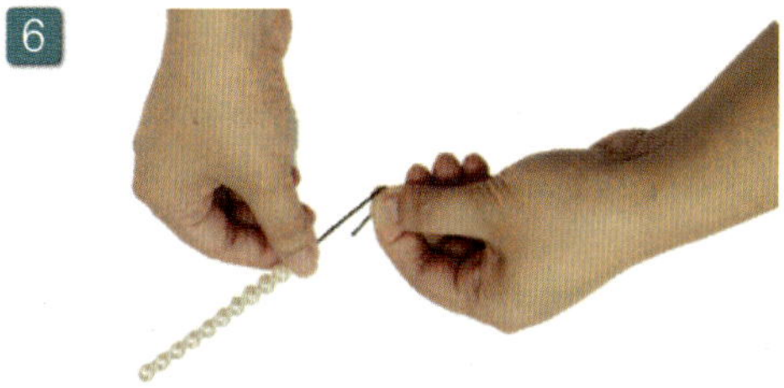

작품 설명

① U핀을 양쪽으로 잡는다.

② 구슬이 들어가기 쉽도록 벌려준다.

③ 구슬에 글루건을 붙인다.

④ U핀에 고정시켜준다.

⑤ 마지막 구슬에도 글루건을 붙인다.

⑥ U핀의 끝을 접어준다.

완성 사진(구슬을 이용한 헤어액세서리)

수행 평가

<table>
<tr><th colspan="3">교과명 : 크리에이티브 업스타일 (차) 수행 평가서</th></tr>
<tr><td>교수명
(학습자명)</td><td colspan="2"></td></tr>
<tr><td>학생명
(피평가자명)</td><td colspan="2"></td></tr>
<tr><td>평가방법</td><td colspan="2">평가자 체크리스트</td></tr>
<tr><td>능력단위(요소)명
/ 코드명</td><td colspan="2">크리에이티브 업스타일 준비하기 〈1201010147_17v4.1〉
크리에이티브 업스타일 진행하기 〈1201010147_17v4.2〉
크리에이티브 업스타일 마무리하기 〈1201010147_17v4.3〉</td></tr>
<tr><td rowspan="4">평가계획</td><td>평가1 : (Pass/Fail)</td><td>날짜 20 년 월 일</td></tr>
<tr><td>재평가2 : (Pass/Fail)</td><td>날짜 20 년 월 일</td></tr>
<tr><td>재평가3 : (Pass/Fail)</td><td>날짜 20 년 월 일</td></tr>
<tr><td>최종 수행 완료 시점</td><td>〈 번〉</td></tr>
<tr><td rowspan="2">학습내용
(단원명)</td><td colspan="2"></td></tr>
<tr><td colspan="2">상위 업스타일</td></tr>
</table>

<table>
<tr><th colspan="2" rowspan="3">평가항목(수행준거)</th><th colspan="5">성취수준</th></tr>
<tr><th>매우 미흡</th><th>미흡</th><th>보통</th><th>우수</th><th>매우 우수</th></tr>
<tr><th>①</th><th>②</th><th>③</th><th>④</th><th>⑤</th></tr>
<tr><td rowspan="4">크리에이티브 업스타일 준비하기</td><td>1. 나는 고객의 특성과 상황을 고려하여 상위양감스타일을 디자인할 수 있다.</td><td></td><td></td><td></td><td></td><td></td></tr>
<tr><td>2. 나는 업스타일을 위한 사전작업(헤어 세트, 드라이, 마샬 웨이브 등)을 할 수 있다.</td><td></td><td></td><td></td><td></td><td></td></tr>
<tr><td>3. 나는 다양한 기법을 활용하여 두상 및 업스타일의 볼륨을 창의적으로 연출할 수 있다.</td><td></td><td></td><td></td><td></td><td></td></tr>
<tr><td>4. 나는 헤어 싱, 헤어 망, 헤어피스, 헤어 액세서리를 활용하여 상위양감을 연출할 수 있다.</td><td></td><td></td><td></td><td></td><td></td></tr>
<tr><td rowspan="4">크리에이티브 업스타일 진행하기</td><td>1. 나는 고객의 특성과 상황을 고려하여 하위양감스타일을 디자인할 수 있다.</td><td></td><td></td><td></td><td></td><td></td></tr>
<tr><td>2. 나는 하위양감을 위한 사전작업(헤어 세트, 드라이, 마샬 웨이브 등)을 할 수 있다.</td><td></td><td></td><td></td><td></td><td></td></tr>
<tr><td>3. 나는 헤어 싱, 헤어 망, 헤어 피스, 헤어 액세서리를 활용하여 하위양감을 연출할 수 있다.</td><td></td><td></td><td></td><td></td><td></td></tr>
<tr><td>4. 나는 내추럴한 다운스타일로 하위양감을 연출할 수 있다.</td><td></td><td></td><td></td><td></td><td></td></tr>
<tr><td rowspan="4">크리에이티브 업스타일 마무리하기</td><td>1. 나는 헤어스타일링 제품을 사용하여 업스타일을 마무리할 수 있다.</td><td></td><td></td><td></td><td></td><td></td></tr>
<tr><td>2. 나는 헤어액세서리와 소품을 활용하여 디자인을 조화롭게 마무리할 수 있다.</td><td></td><td></td><td></td><td></td><td></td></tr>
<tr><td>3. 나는 디자인의 균형과 조화를 체크하고 보정할 수 있다.</td><td></td><td></td><td></td><td></td><td></td></tr>
<tr><td>4. 나는 헤어액세서리와 피스, 소품을 손질하여 보관할 수 있다.</td><td></td><td></td><td></td><td></td><td></td></tr>
</table>

<table>
<tr><th colspan="3">교과명 : 크리에이티브 업스타일 (　　차) 수행 평가서</th></tr>
<tr><td>교수명
(학습자명)</td><td colspan="2"></td></tr>
<tr><td>학생명
(피평가자명)</td><td colspan="2"></td></tr>
<tr><td>평가방법</td><td colspan="2">평가자 체크리스트</td></tr>
<tr><td>능력단위(요소)명
/ 코드명</td><td colspan="2">크리에이티브 업스타일 준비하기 〈1201010147_17v4.1〉
크리에이티브 업스타일 진행하기 〈1201010147_17v4.2〉
크리에이티브 업스타일 마무리하기 〈1201010147_17v4.3〉</td></tr>
<tr><td rowspan="4">평가계획</td><td>평가1 : (Pass/Fail)</td><td>날짜 20　　년　　월　　일</td></tr>
<tr><td>재평가2 : (Pass/Fail)</td><td>날짜 20　　년　　월　　일</td></tr>
<tr><td>재평가3 : (Pass/Fail)</td><td>날짜 20　　년　　월　　일</td></tr>
<tr><td>최종 수행 완료 시점</td><td>〈　　　번〉</td></tr>
<tr><td rowspan="2">학습내용
(단원명)</td><td colspan="2"></td></tr>
<tr><td colspan="2">상위 업스타일</td></tr>
</table>

평가항목(수행준거)		성취수준				
		매우 미흡	미흡	보통	우수	매우 우수
		①	②	③	④	⑤
크리에이티브 업스타일 준비하기	1. 나는 고객의 특성과 상황을 고려하여 상위양감스타일을 디자인할 수 있다.					
	2. 나는 업스타일을 위한 사전작업(헤어 세트, 드라이, 마샬 웨이브 등)을 할 수 있다.					
	3. 나는 다양한 기법을 활용하여 두상 및 업스타일의 볼륨을 창의적으로 연출할 수 있다.					
	4. 나는 헤어 싱, 헤어 망, 헤어피스, 헤어 액세서리를 활용하여 상위양감을 연출할 수 있다.					
크리에이티브 업스타일 진행하기	1. 나는 고객의 특성과 상황을 고려하여 하위양감스타일을 디자인할 수 있다.					
	2. 나는 하위양감을 위한 사전작업(헤어 세트, 드라이, 마샬 웨이브 등)을 할 수 있다.					
	3. 나는 헤어 싱, 헤어 망, 헤어 피스, 헤어 액세서리를 활용하여 하위양감을 연출할 수 있다.					
	4. 나는 내추럴한 다운스타일로 하위양감을 연출할 수 있다.					
크리에이티브 업스타일 마무리하기	1. 나는 헤어스타일링 제품을 사용하여 업스타일을 마무리할 수 있다.					
	2. 나는 헤어액세서리와 소품을 활용하여 디자인을 조화롭게 마무리할 수 있다.					
	3. 나는 디자인의 균형과 조화를 체크하고 보정할 수 있다.					
	4. 나는 헤어액세서리와 피스, 소품을 손질하여 보관할 수 있다.					

memo

포트폴리오
PORTFOLIO

크리에이티브 업스타일 이론	1 ~ 4주차_ 단원평가
크리에이티브 업스타일 실습	5 ~ 16주차_ 실습사진, 단원평가, 학생 자가진단 및 교수평가

학교	
학과	
학년	
이름	
학번	
담당교수	
제출일	
점수	

단원 평가

1st week

1. 고객의 특성 중 외부 특성에 대해 쓰시오.

2. 고객의 특성 중 내부 특성에 대해 쓰시오.

memo

단원 평가

2nd week

1. 업스타일의 볼륨에 대해 쓰시오.

2. 업스타일의 질감에 대해 쓰시오.

단원 평가

3rd week

1. 프런트 디자인에 대해 쓰시오.

2. 싱과 망의 활용법에 대해 쓰시오.

단원 평가

4th week

1. 상위 스타일에 대해 쓰시오.

2. 하위 스타일에 대해 쓰시오.

실습 사진

5th week

앞(Front)	뒤(Back)
우측(Right Side)	좌측(Left Side)

단원 평가

상위 업스타일 실습(1)에 대한 장점과 단점 그리고 느낀 점을 쓰시오!

1. 장점

2. 단점

2. 느낀 점

memo

학생 자가진단 및 교수 평가

능력단위명 〈코드〉		크리에이티브 업스타일 〈1201010147_17v4〉									
진단 영역	진 단 문 항	학생 평가					교수 평가				
		매우 미흡	미흡	보통	우수	매우 우수	매우 미흡	미흡	보통	우수	매우 우수
크리에이티브 업스타일 준비하기	1. 나는 고객의 특성과 상황을 고려하여 상위양감스타일을 디자인할 수 있다.	①	②	③	④	⑤	①	②	③	④	⑤
	2. 나는 업스타일을 위한 사전작업(헤어 세트, 드라이, 마샬 웨이브 등)을 할 수 있다.	①	②	③	④	⑤	①	②	③	④	⑤
	3. 나는 다양한 기법을 활용하여 두상 및 업스타일의 볼륨을 창의적으로 연출할 수 있다.	①	②	③	④	⑤	①	②	③	④	⑤
	4. 나는 헤어 싱, 헤어 망, 헤어피스, 헤어 액세서리를 활용하여 상위양감을 연출할 수 있다.	①	②	③	④	⑤	①	②	③	④	⑤
크리에이티브 업스타일 진행하기	1. 나는 고객의 특성과 상황을 고려하여 하위양감스타일을 디자인할 수 있다.	①	②	③	④	⑤	①	②	③	④	⑤
	2. 나는 하위양감을 위한 사전작업(헤어 세트, 드라이, 마샬 웨이브 등)을 할 수 있다.	①	②	③	④	⑤	①	②	③	④	⑤
	3. 나는 헤어 싱, 헤어 망, 헤어 피스, 헤어액세서리를 활용하여 하위양감을 연출할 수 있다.	①	②	③	④	⑤	①	②	③	④	⑤
	4. 나는 내추럴한 다운스타일로 하위양감을 연출할 수 있다.	①	②	③	④	⑤	①	②	③	④	⑤
크리에이티브 업스타일 마무리하기	1. 나는 헤어스타일링 제품을 사용하여 업스타일을 마무리할 수 있다.	①	②	③	④	⑤	①	②	③	④	⑤
	3. 나는 헤어액세서리와 소품을 활용하여 디자인을 조화롭게 마무리할 수 있다.	①	②	③	④	⑤	①	②	③	④	⑤
	3. 나는 디자인의 균형과 조화를 체크하고 보정할 수 있다.	①	②	③	④	⑤	①	②	③	④	⑤
	4. 나는 헤어액세서리와 피스, 소품을 손질하여 보관할 수 있다.	①	②	③	④	⑤	①	②	③	④	⑤

[진단결과]

진단영역	문항 수	점수	점수 ÷ 문항 수	문항 수	점수	점수 ÷ 문항 수
크리에이티브 업스타일 준비하기	5			5		
크리에이티브 업스타일 진행하기	4			4		
크리에이티브 업스타일 마무리하기	4			4		
합 계	13			13		

※ 자신의 점수를 문항 수로 나눈 값이 '3점'이하에 해당하는 영역은 업무를 성공적으로 수행하는 능력이 부족한 것으로 교육훈련이나 개인학습을 통한 개발이 필요함.

[교수자 피드백]

실습 사진

6th week

앞(Front)	뒤(Back)
우측(Right Side)	좌측(Left Side)

단원 평가

상위 업스타일 실습(2)에 대한 장점과 단점 그리고 느낀 점을 쓰시오!

1. 장점

2. 단점

2. 느낀 점

memo

학생 자가진단 및 교수 평가

능력단위명 〈코드〉		크리에이티브 업스타일 〈1201010147_17v4〉									
진단 영역	진 단 문 항	학생 평가					교수 평가				
		매우 미흡	미흡	보통	우수	매우 우수	매우 미흡	미흡	보통	우수	매우 우수
크리에이티브 업스타일 준비하기	1. 나는 고객의 특성과 상황을 고려하여 상위양감스타일을 디자인할 수 있다.	①	②	③	④	⑤	①	②	③	④	⑤
	2. 나는 업스타일을 위한 사전작업(헤어세트, 드라이, 마샬 웨이브 등)을 할 수 있다.	①	②	③	④	⑤	①	②	③	④	⑤
	3. 나는 다양한 기법을 활용하여 두상 및 업스타일의 볼륨을 창의적으로 연출할 수 있다.	①	②	③	④	⑤	①	②	③	④	⑤
	4. 나는 헤어 싱, 헤어 망, 헤어피스, 헤어 액세서리를 활용하여 상위양감을 연출할 수 있다.	①	②	③	④	⑤	①	②	③	④	⑤
크리에이티브 업스타일 진행하기	1. 나는 고객의 특성과 상황을 고려하여 하위양감스타일을 디자인할 수 있다.	①	②	③	④	⑤	①	②	③	④	⑤
	2. 나는 하위양감을 위한 사전작업(헤어세트, 드라이, 마샬 웨이브 등)을 할 수 있다.	①	②	③	④	⑤	①	②	③	④	⑤
	3. 나는 헤어 싱, 헤어 망, 헤어 피스, 헤어액세서리를 활용하여 하위양감을 연출할 수 있다.	①	②	③	④	⑤	①	②	③	④	⑤
	4. 나는 내추럴한 다운스타일로 하위양감을 연출할 수 있다.	①	②	③	④	⑤	①	②	③	④	⑤
크리에이티브 업스타일 마무리 하기	1. 나는 헤어스타일링 제품을 사용하여 업스타일을 마무리할 수 있다.	①	②	③	④	⑤	①	②	③	④	⑤
	3. 나는 헤어액세서리와 소품을 활용하여 디자인을 조화롭게 마무리할 수 있다.	①	②	③	④	⑤	①	②	③	④	⑤
	3. 나는 디자인의 균형과 조화를 체크하고 보정할 수 있다.	①	②	③	④	⑤	①	②	③	④	⑤
	4. 나는 헤어액세서리와 피스, 소품을 손질하여 보관할 수 있다.	①	②	③	④	⑤	①	②	③	④	⑤

[진단결과]

진단영역	문항 수	점수	점수 ÷ 문항 수	문항 수	점수	점수 ÷ 문항 수
크리에이티브 업스타일 준비하기	5			5		
크리에이티브 업스타일 진행하기	4			4		
크리에이티브 업스타일 마무리하기	4			4		
합 계	13			13		

※ 자신의 점수를 문항 수로 나눈 값이 '3점'이하에 해당하는 영역은 업무를 성공적으로 수행하는 능력이 부족한 것으로 교육훈련이나 개인학습을 통한 개발이 필요함.

[교수자 피드백]

실습 사진

7 st week

앞(Front)	뒤(Back)
우측(Right Side)	좌측(Left Side)

단원 평가

상위 업스타일 실습(3)에 대한 장점과 단점 그리고 느낀 점을 쓰시오!

1. 장점

2. 단점

2. 느낀 점

memo

학생 자가진단 및 교수 평가

능력단위명 〈코드〉		크리에이티브 업스타일 〈1201010147_17v4〉									
진단 영역	진 단 문 항	학생 평가					교수 평가				
		매우 미흡	미흡	보통	우수	매우 우수	매우 미흡	미흡	보통	우수	매우 우수
크리에이티브 업스타일 준비하기	1. 나는 고객의 특성과 상황을 고려하여 상위양감스타일을 디자인할 수 있다.	①	②	③	④	⑤	①	②	③	④	⑤
	2. 나는 업스타일을 위한 사전작업(헤어세트, 드라이, 마샬 웨이브 등)을 할 수 있다.	①	②	③	④	⑤	①	②	③	④	⑤
	3. 나는 다양한 기법을 활용하여 두상 및 업스타일의 볼륨을 창의적으로 연출할 수 있다.	①	②	③	④	⑤	①	②	③	④	⑤
	4. 나는 헤어 싱, 헤어 망, 헤어피스, 헤어 액세서리를 활용하여 상위양감을 연출할 수 있다.	①	②	③	④	⑤	①	②	③	④	⑤
크리에이티브 업스타일 진행하기	1. 나는 고객의 특성과 상황을 고려하여 하위양감스타일을 디자인할 수 있다.	①	②	③	④	⑤	①	②	③	④	⑤
	2. 나는 하위양감을 위한 사전작업(헤어세트, 드라이, 마살 웨이브 등)을 할 수 있다.	①	②	③	④	⑤	①	②	③	④	⑤
	3. 나는 헤어 싱, 헤어 망, 헤어 피스, 헤어액세서리를 활용하여 하위양감을 연출할 수 있다.	①	②	③	④	⑤	①	②	③	④	⑤
	4. 나는 내추럴한 다운스타일로 하위양감을 연출할 수 있다.	①	②	③	④	⑤	①	②	③	④	⑤
크리에이티브 업스타일 마무리 하기	1. 나는 헤어스타일링 제품을 사용하여 업스타일을 마무리할 수 있다.	①	②	③	④	⑤	①	②	③	④	⑤
	3. 나는 헤어액세서리와 소품을 활용하여 디자인을 조화롭게 마무리할 수 있다.	①	②	③	④	⑤	①	②	③	④	⑤
	3. 나는 디자인의 균형과 조화를 체크하고 보정할 수 있다.	①	②	③	④	⑤	①	②	③	④	⑤
	4. 나는 헤어액세서리와 피스, 소품을 손질하여 보관할 수 있다.	①	②	③	④	⑤	①	②	③	④	⑤

[진단결과]

진단영역	문항 수	점수	점수 ÷ 문항 수	문항 수	점수	점수 ÷ 문항 수
크리에이티브 업스타일 준비하기	5			5		
크리에이티브 업스타일 진행하기	4			4		
크리에이티브 업스타일 마무리하기	4			4		
합 계	13			13		

※ 자신의 점수를 문항 수로 나눈 값이 '3점'이하에 해당하는 영역은 업무를 성공적으로 수행하는 능력이 부족한 것으로 교육훈련이나 개인학습을 통한 개발이 필요함.

[교수자 피드백]

8 st week

실습 사진

앞(Front)	뒤(Back)
우측(Right Side)	좌측(Left Side)

단원 평가

상위 업스타일 실습(4)에 대한 장점과 단점 그리고 느낀 점을 쓰시오!

1. 장점

2. 단점

2. 느낀 점

memo

학생 자가진단 및 교수 평가

능력단위명 〈코드〉		크리에이티브 업스타일 〈1201010147_17v4〉									
진단 영역	진 단 문 항	학생 평가					교수 평가				
		매우 미흡	미흡	보통	우수	매우 우수	매우 미흡	미흡	보통	우수	매우 우수
크리에이티브 업스타일 준비하기	1. 나는 고객의 특성과 상황을 고려하여 상위양감스타일을 디자인할 수 있다.	①	②	③	④	⑤	①	②	③	④	⑤
	2. 나는 업스타일을 위한 사전작업(헤어세트, 드라이, 마샬 웨이브 등)을 할 수 있다.	①	②	③	④	⑤	①	②	③	④	⑤
	3. 나는 다양한 기법을 활용하여 두상 및 업스타일의 볼륨을 창의적으로 연출할 수 있다.	①	②	③	④	⑤	①	②	③	④	⑤
	4. 나는 헤어 싱, 헤어 망, 헤어피스, 헤어액세서리를 활용하여 상위양감을 연출할 수 있다.	①	②	③	④	⑤	①	②	③	④	⑤
크리에이티브 업스타일 진행하기	1. 나는 고객의 특성과 상황을 고려하여 하위양감스타일을 디자인할 수 있다.	①	②	③	④	⑤	①	②	③	④	⑤
	2. 나는 하위양감을 위한 사전작업(헤어세트, 드라이, 마샬 웨이브 등)을 할 수 있다.	①	②	③	④	⑤	①	②	③	④	⑤
	3. 나는 헤어 싱, 헤어 망, 헤어 피스, 헤어액세서리를 활용하여 하위양감을 연출할 수 있다.	①	②	③	④	⑤	①	②	③	④	⑤
	4. 나는 내추럴한 다운스타일로 하위양감을 연출할 수 있다.	①	②	③	④	⑤	①	②	③	④	⑤
크리에이티브 업스타일 마무리 하기	1. 나는 헤어스타일링 제품을 사용하여 업스타일을 마무리할 수 있다.	①	②	③	④	⑤	①	②	③	④	⑤
	3. 나는 헤어액세서리와 소품을 활용하여 디자인을 조화롭게 마무리할 수 있다.	①	②	③	④	⑤	①	②	③	④	⑤
	3. 나는 디자인의 균형과 조화를 체크하고 보정할 수 있다.	①	②	③	④	⑤	①	②	③	④	⑤
	4. 나는 헤어액세서리와 피스, 소품을 손질하여 보관할 수 있다.	①	②	③	④	⑤	①	②	③	④	⑤

[진단결과]

진단영역	문항 수	점수	점수 ÷ 문항 수	문항 수	점수	점수 ÷ 문항 수
크리에이티브 업스타일 준비하기	5			5		
크리에이티브 업스타일 진행하기	4			4		
크리에이티브 업스타일 마무리하기	4			4		
합 계	13			13		

※ 자신의 점수를 문항 수로 나눈 값이 '3점'이하에 해당하는 영역은 업무를 성공적으로 수행하는 능력이 부족한 것으로 교육훈련이나 개인학습을 통한 개발이 필요함.

[교수자 피드백]

실습 사진

앞(Front)	뒤(Back)
우측(Right Side)	좌측(Left Side)

단원 평가

하위 업스타일 실습(1)에 대한 장점과 단점 그리고 느낀 점을 쓰시오!

1. 장점

2. 단점

2. 느낀 점

memo

학생 자가진단 및 교수 평가

능력단위명 〈코드〉		크리에이티브 업스타일 〈1201010147_17v4〉									
진단 영역	진 단 문 항	학생 평가					교수 평가				
		매우 미흡	미흡	보통	우수	매우 우수	매우 미흡	미흡	보통	우수	매우 우수
크리에이티브 업스타일 준비하기	1. 나는 고객의 특성과 상황을 고려하여 상위양감스타일을 디자인할 수 있다.	①	②	③	④	⑤	①	②	③	④	⑤
	2. 나는 업스타일을 위한 사전작업(헤어 세트, 드라이, 마샬 웨이브 등)을 할 수 있다.	①	②	③	④	⑤	①	②	③	④	⑤
	3. 나는 다양한 기법을 활용하여 두상 및 업스타일의 볼륨을 창의적으로 연출할 수 있다.	①	②	③	④	⑤	①	②	③	④	⑤
	4. 나는 헤어 싱, 헤어 망, 헤어피스, 헤어 액세서리를 활용하여 상위양감을 연출할 수 있다.	①	②	③	④	⑤	①	②	③	④	⑤
크리에이티브 업스타일 진행하기	1. 나는 고객의 특성과 상황을 고려하여 하위양감스타일을 디자인할 수 있다.	①	②	③	④	⑤	①	②	③	④	⑤
	2. 나는 하위양감을 위한 사전작업(헤어 세트, 드라이, 마샬 웨이브 등)을 할 수 있다.	①	②	③	④	⑤	①	②	③	④	⑤
	3. 나는 헤어 싱, 헤어 망, 헤어 피스, 헤어액세서리를 활용하여 하위양감을 연출할 수 있다.	①	②	③	④	⑤	①	②	③	④	⑤
	4. 나는 내추럴한 다운스타일로 하위양감을 연출할 수 있다.	①	②	③	④	⑤	①	②	③	④	⑤
크리에이티브 업스타일 마무리 하기	1. 나는 헤어스타일링 제품을 사용하여 업스타일을 마무리할 수 있다.	①	②	③	④	⑤	①	②	③	④	⑤
	3. 나는 헤어액세서리와 소품을 활용하여 디자인을 조화롭게 마무리할 수 있다.	①	②	③	④	⑤	①	②	③	④	⑤
	3. 나는 디자인의 균형과 조화를 체크하고 보정할 수 있다.	①	②	③	④	⑤	①	②	③	④	⑤
	4. 나는 헤어액세서리와 피스, 소품을 손질하여 보관할 수 있다.	①	②	③	④	⑤	①	②	③	④	⑤

[진단결과]

진단영역	문항 수	점수	점수 ÷ 문항 수	문항 수	점수	점수 ÷ 문항 수
크리에이티브 업스타일 준비하기	5			5		
크리에이티브 업스타일 진행하기	4			4		
크리에이티브 업스타일 마무리하기	4			4		
합 계	13			13		

※ 자신의 점수를 문항 수로 나눈 값이 '3점'이하에 해당하는 영역은 업무를 성공적으로 수행하는 능력이 부족한 것으로 교육훈련이나 개인학습을 통한 개발이 필요함.

[교수자 피드백]

실습 사진

10th week

앞(Front)	뒤(Back)
우측(Right Side)	좌측(Left Side)

단 원 평 가

하위 업스타일 실습(2)에 대한 장점과 단점 그리고 느낀 점을 쓰시오!

1. 장점

2. 단점

2. 느낀 점

memo

학생 자가진단 및 교수 평가

능력단위명 〈코드〉		크리에이티브 업스타일 〈1201010147_17v4〉									
진단 영역	진 단 문 항	학생 평가					교수 평가				
		매우 미흡	미흡	보통	우수	매우 우수	매우 미흡	미흡	보통	우수	매우 우수
크리에이티브 업스타일 준비하기	1. 나는 고객의 특성과 상황을 고려하여 상위양감스타일을 디자인할 수 있다.	①	②	③	④	⑤	①	②	③	④	⑤
	2. 나는 업스타일을 위한 사전작업(헤어세트, 드라이, 마샬 웨이브 등)을 할 수 있다.	①	②	③	④	⑤	①	②	③	④	⑤
	3. 나는 다양한 기법을 활용하여 두상 및 업스타일의 볼륨을 창의적으로 연출할 수 있다.	①	②	③	④	⑤	①	②	③	④	⑤
	4. 나는 헤어 싱, 헤어 망, 헤어피스, 헤어 액세서리를 활용하여 상위양감을 연출할 수 있다.	①	②	③	④	⑤	①	②	③	④	⑤
크리에이티브 업스타일 진행하기	1. 나는 고객의 특성과 상황을 고려하여 하위양감스타일을 디자인할 수 있다.	①	②	③	④	⑤	①	②	③	④	⑤
	2. 나는 하위양감을 위한 사전작업(헤어세트, 드라이, 마샬 웨이브 등)을 할 수 있다.	①	②	③	④	⑤	①	②	③	④	⑤
	3. 나는 헤어 싱, 헤어 망, 헤어 피스, 헤어액세서리를 활용하여 하위양감을 연출할 수 있다.	①	②	③	④	⑤	①	②	③	④	⑤
	4. 나는 내추럴한 다운스타일로 하위양감을 연출할 수 있다.	①	②	③	④	⑤	①	②	③	④	⑤
크리에이티브 업스타일 마무리 하기	1. 나는 헤어스타일링 제품을 사용하여 업스타일을 마무리할 수 있다.	①	②	③	④	⑤	①	②	③	④	⑤
	3. 나는 헤어액세서리와 소품을 활용하여 디자인을 조화롭게 마무리할 수 있다.	①	②	③	④	⑤	①	②	③	④	⑤
	3. 나는 디자인의 균형과 조화를 체크하고 보정할 수 있다.	①	②	③	④	⑤	①	②	③	④	⑤
	4. 나는 헤어액세서리와 피스, 소품을 손질하여 보관할 수 있다.	①	②	③	④	⑤	①	②	③	④	⑤

[진단결과]

진단영역	문항 수	점수	점수 ÷ 문항 수	문항 수	점수	점수 ÷ 문항 수
크리에이티브 업스타일 준비하기	5			5		
크리에이티브 업스타일 진행하기	4			4		
크리에이티브 업스타일 마무리하기	4			4		
합 계	13			13		

※ 자신의 점수를 문항 수로 나눈 값이 '3점'이하에 해당하는 영역은 업무를 성공적으로 수행하는 능력이 부족한 것으로 교육훈련이나 개인학습을 통한 개발이 필요함.

[교수자 피드백]

실습 사진

11th week

앞(Front)	뒤(Back)
우측(Right Side)	좌측(Left Side)

단원 평가

하위 업스타일 실습(3)에 대한 장점과 단점 그리고 느낀 점을 쓰시오!

1. 장점

2. 단점

2. 느낀 점

memo

학생 자가진단 및 교수 평가

능력단위명 〈코드〉		크리에이티브 업스타일 〈1201010147_17v4〉									
진단 영역	진 단 문 항	학생 평가					교수 평가				
		매우 미흡	미흡	보통	우수	매우 우수	매우 미흡	미흡	보통	우수	매우 우수
크리에이티브 업스타일 준비하기	1. 나는 고객의 특성과 상황을 고려하여 상위양감스타일을 디자인할 수 있다.	①	②	③	④	⑤	①	②	③	④	⑤
	2. 나는 업스타일을 위한 사전작업(헤어 세트, 드라이, 마샬 웨이브 등)을 할 수 있다.	①	②	③	④	⑤	①	②	③	④	⑤
	3. 나는 다양한 기법을 활용하여 두상 및 업스타일의 볼륨을 창의적으로 연출할 수 있다.	①	②	③	④	⑤	①	②	③	④	⑤
	4. 나는 헤어 싱, 헤어 망, 헤어피스, 헤어 액세서리를 활용하여 상위양감을 연출할 수 있다.	①	②	③	④	⑤	①	②	③	④	⑤
크리에이티브 업스타일 진행하기	1. 나는 고객의 특성과 상황을 고려하여 하위양감스타일을 디자인할 수 있다.	①	②	③	④	⑤	①	②	③	④	⑤
	2. 나는 하위양감을 위한 사전작업(헤어 세트, 드라이, 마샬 웨이브 등)을 할 수 있다.	①	②	③	④	⑤	①	②	③	④	⑤
	3. 나는 헤어 싱, 헤어 망, 헤어 피스, 헤어액세서리를 활용하여 하위양감을 연출할 수 있다.	①	②	③	④	⑤	①	②	③	④	⑤
	4. 나는 내추럴한 다운스타일로 하위양감을 연출할 수 있다.	①	②	③	④	⑤	①	②	③	④	⑤
크리에이티브 업스타일 마무리 하기	1. 나는 헤어스타일링 제품을 사용하여 업스타일을 마무리할 수 있다.	①	②	③	④	⑤	①	②	③	④	⑤
	3. 나는 헤어액세서리와 소품을 활용하여 디자인을 조화롭게 마무리할 수 있다.	①	②	③	④	⑤	①	②	③	④	⑤
	3. 나는 디자인의 균형과 조화를 체크하고 보정할 수 있다.	①	②	③	④	⑤	①	②	③	④	⑤
	4. 나는 헤어액세서리와 피스, 소품을 손질하여 보관할 수 있다.	①	②	③	④	⑤	①	②	③	④	⑤

[진단결과]

진단영역	문항 수	점수	점수 ÷ 문항 수	문항 수	점수	점수 ÷ 문항 수
크리에이티브 업스타일 준비하기	5			5		
크리에이티브 업스타일 진행하기	4			4		
크리에이티브 업스타일 마무리하기	4			4		
합 계	13			13		

※ 자신의 점수를 문항 수로 나눈 값이 '3점'이하에 해당하는 영역은 업무를 성공적으로 수행하는 능력이 부족한 것으로 교육훈련이나 개인학습을 통한 개발이 필요함.

[교수자 피드백]

실습 사진

12th week

앞(Front)	뒤(Back)
우측(Right Side)	좌측(Left Side)

단원 평가

하위 업스타일 실습(4)에 대한 장점과 단점 그리고 느낀 점을 쓰시오!

1. 장점

2. 단점

2. 느낀 점

memo

학생 자가진단 및 교수 평가

능력단위명 〈코드〉		크리에이티브 업스타일 〈1201010147_17v4〉									
진단 영역	진 단 문 항	학생 평가					교수 평가				
		매우 미흡	미흡	보통	우수	매우 우수	매우 미흡	미흡	보통	우수	매우 우수
크리에이티브 업스타일 준비하기	1. 나는 고객의 특성과 상황을 고려하여 상위양감스타일을 디자인할 수 있다.	①	②	③	④	⑤	①	②	③	④	⑤
	2. 나는 업스타일을 위한 사전작업(헤어 세트, 드라이, 마샬 웨이브 등)을 할 수 있다.	①	②	③	④	⑤	①	②	③	④	⑤
	3. 나는 다양한 기법을 활용하여 두상 및 업스타일의 볼륨을 창의적으로 연출할 수 있다.	①	②	③	④	⑤	①	②	③	④	⑤
	4. 나는 헤어 싱, 헤어 망, 헤어피스, 헤어 액세서리를 활용하여 상위양감을 연출할 수 있다.	①	②	③	④	⑤	①	②	③	④	⑤
크리에이티브 업스타일 진행하기	1. 나는 고객의 특성과 상황을 고려하여 하위양감스타일을 디자인할 수 있다.	①	②	③	④	⑤	①	②	③	④	⑤
	2. 나는 하위양감을 위한 사전작업(헤어 세트, 드라이, 마살 웨이브 등)을 할 수 있다.	①	②	③	④	⑤	①	②	③	④	⑤
	3. 나는 헤어 싱, 헤어 망, 헤어 피스, 헤어액세서리를 활용하여 하위양감을 연출할 수 있다.	①	②	③	④	⑤	①	②	③	④	⑤
	4. 나는 내추럴한 다운스타일로 하위양감을 연출할 수 있다.	①	②	③	④	⑤	①	②	③	④	⑤
크리에이티브 업스타일 마무리 하기	1. 나는 헤어스타일링 제품을 사용하여 업스타일을 마무리할 수 있다.	①	②	③	④	⑤	①	②	③	④	⑤
	3. 나는 헤어액세서리와 소품을 활용하여 디자인을 조화롭게 마무리할 수 있다.	①	②	③	④	⑤	①	②	③	④	⑤
	3. 나는 디자인의 균형과 조화를 체크하고 보정할 수 있다.	①	②	③	④	⑤	①	②	③	④	⑤
	4. 나는 헤어액세서리와 피스, 소품을 손질하여 보관할 수 있다.	①	②	③	④	⑤	①	②	③	④	⑤

[진단결과]

진단영역	문항 수	점수	점수 ÷ 문항 수	문항 수	점수	점수 ÷ 문항 수
크리에이티브 업스타일 준비하기	5			5		
크리에이티브 업스타일 진행하기	4			4		
크리에이티브 업스타일 마무리하기	4			4		
합 계	13			13		

※ 자신의 점수를 문항 수로 나눈 값이 '3점'이하에 해당하는 영역은 업무를 성공적으로 수행하는 능력이 부족한 것으로 교육훈련이나 개인학습을 통한 개발이 필요함.

[교수자 피드백]

13th week

실습 사진

앞(Front)	뒤(Back)
우측(Right Side)	좌측(Left Side)

단원 평가

다운 업스타일 실습(1)에 대한 장점과 단점 그리고 느낀 점을 쓰시오!

1. 장점

2. 단점

2. 느낀 점

memo

학생 자가진단 및 교수 평가

능력단위명 〈코드〉		크리에이티브 업스타일 〈1201010147_17v4〉									
진단 영역	진 단 문 항	학생 평가					교수 평가				
		매우 미흡	미흡	보통	우수	매우 우수	매우 미흡	미흡	보통	우수	매우 우수
크리에이티브 업스타일 준비하기	1. 나는 고객의 특성과 상황을 고려하여 상위양감스타일을 디자인할 수 있다.	①	②	③	④	⑤	①	②	③	④	⑤
	2. 나는 업스타일을 위한 사전작업(헤어 세트, 드라이, 마샬 웨이브 등)을 할 수 있다.	①	②	③	④	⑤	①	②	③	④	⑤
	3. 나는 다양한 기법을 활용하여 두상 및 업스타일의 볼륨을 창의적으로 연출할 수 있다.	①	②	③	④	⑤	①	②	③	④	⑤
	4. 나는 헤어 싱, 헤어 망, 헤어피스, 헤어 액세서리를 활용하여 상위양감을 연출할 수 있다.	①	②	③	④	⑤	①	②	③	④	⑤
크리에이티브 업스타일 진행하기	1. 나는 고객의 특성과 상황을 고려하여 하위양감스타일을 디자인할 수 있다.	①	②	③	④	⑤	①	②	③	④	⑤
	2. 나는 하위양감을 위한 사전작업(헤어 세트, 드라이, 마샬 웨이브 등)을 할 수 있다.	①	②	③	④	⑤	①	②	③	④	⑤
	3. 나는 헤어 싱, 헤어 망, 헤어 피스, 헤어액세서리를 활용하여 하위양감을 연출할 수 있다.	①	②	③	④	⑤	①	②	③	④	⑤
	4. 나는 내추럴한 다운스타일로 하위양감을 연출할 수 있다.	①	②	③	④	⑤	①	②	③	④	⑤
크리에이티브 업스타일 마무리 하기	1. 나는 헤어스타일링 제품을 사용하여 업스타일을 마무리할 수 있다.	①	②	③	④	⑤	①	②	③	④	⑤
	3. 나는 헤어액세서리와 소품을 활용하여 디자인을 조화롭게 마무리할 수 있다.	①	②	③	④	⑤	①	②	③	④	⑤
	3. 나는 디자인의 균형과 조화를 체크하고 보정할 수 있다.	①	②	③	④	⑤	①	②	③	④	⑤
	4. 나는 헤어액세서리와 피스, 소품을 손질하여 보관할 수 있다.	①	②	③	④	⑤	①	②	③	④	⑤

[진단결과]

진단영역	문항 수	점수	점수 ÷ 문항 수	문항 수	점수	점수 ÷ 문항 수
크리에이티브 업스타일 준비하기	5			5		
크리에이티브 업스타일 진행하기	4			4		
크리에이티브 업스타일 마무리하기	4			4		
합 계	13			13		

※ 자신의 점수를 문항 수로 나눈 값이 '3점'이하에 해당하는 영역은 업무를 성공적으로 수행하는 능력이 부족한 것으로 교육훈련이나 개인학습을 통한 개발이 필요함.

[교수자 피드백]

실습 사진

14th week

앞(Front)	뒤(Back)
우측(Right Side)	좌측(Left Side)

단원 평가

다운 업스타일 실습(2)에 대한 장점과 단점 그리고 느낀 점을 쓰시오!

1. 장점

2. 단점

2. 느낀 점

memo

학생 자가진단 및 교수 평가

능력단위명 〈코드〉		크리에이티브 업스타일 〈1201010147_17v4〉									
진단 영역	진 단 문 항	학생 평가					교수 평가				
		매우 미흡	미흡	보통	우수	매우 우수	매우 미흡	미흡	보통	우수	매우 우수
크리에이티브 업스타일 준비하기	1. 나는 고객의 특성과 상황을 고려하여 상위양감스타일을 디자인할 수 있다.	①	②	③	④	⑤	①	②	③	④	⑤
	2. 나는 업스타일을 위한 사전작업(헤어세트, 드라이, 마샬 웨이브 등)을 할 수 있다.	①	②	③	④	⑤	①	②	③	④	⑤
	3. 나는 다양한 기법을 활용하여 두상 및 업스타일의 볼륨을 창의적으로 연출할 수 있다.	①	②	③	④	⑤	①	②	③	④	⑤
	4. 나는 헤어 싱, 헤어 망, 헤어피스, 헤어 액세서리를 활용하여 상위양감을 연출할 수 있다.	①	②	③	④	⑤	①	②	③	④	⑤
크리에이티브 업스타일 진행하기	1. 나는 고객의 특성과 상황을 고려하여 하위양감스타일을 디자인할 수 있다.	①	②	③	④	⑤	①	②	③	④	⑤
	2. 나는 하위양감을 위한 사전작업(헤어세트, 드라이, 마샬 웨이브 등)을 할 수 있다.	①	②	③	④	⑤	①	②	③	④	⑤
	3. 나는 헤어 싱, 헤어 망, 헤어 피스, 헤어액세서리를 활용하여 하위양감을 연출할 수 있다.	①	②	③	④	⑤	①	②	③	④	⑤
	4. 나는 내추럴한 다운스타일로 하위양감을 연출할 수 있다.	①	②	③	④	⑤	①	②	③	④	⑤
크리에이티브 업스타일 마무리하기	1. 나는 헤어스타일링 제품을 사용하여 업스타일을 마무리할 수 있다.	①	②	③	④	⑤	①	②	③	④	⑤
	3. 나는 헤어액세서리와 소품을 활용하여 디자인을 조화롭게 마무리할 수 있다.	①	②	③	④	⑤	①	②	③	④	⑤
	3. 나는 디자인의 균형과 조화를 체크하고 보정할 수 있다.	①	②	③	④	⑤	①	②	③	④	⑤
	4. 나는 헤어액세서리와 피스, 소품을 손질하여 보관할 수 있다.	①	②	③	④	⑤	①	②	③	④	⑤

[진단결과]

진단영역	문항 수	점수	점수 ÷ 문항 수	문항 수	점수	점수 ÷ 문항 수
크리에이티브 업스타일 준비하기	5			5		
크리에이티브 업스타일 진행하기	4			4		
크리에이티브 업스타일 마무리하기	4			4		
합 계	13			13		

※ 자신의 점수를 문항 수로 나눈 값이 '3점'이하에 해당하는 영역은 업무를 성공적으로 수행하는 능력이 부족한 것으로 교육훈련이나 개인학습을 통한 개발이 필요함.

[교수자 피드백]

15th week

실습 사진

앞(Front)	뒤(Back)
우측(Right Side)	좌측(Left Side)

단원 평가

다운 업스타일 실습(3)에 대한 장점과 단점 그리고 느낀 점을 쓰시오!

1. 장점

2. 단점

2. 느낀 점

memo

학생 자가진단 및 교수 평가

능력단위명 〈코드〉		크리에이티브 업스타일 〈1201010147_17v4〉									
진단 영역	진 단 문 항	학생 평가					교수 평가				
		매우 미흡	미흡	보통	우수	매우 우수	매우 미흡	미흡	보통	우수	매우 우수
크리에이티브 업스타일 준비하기	1. 나는 고객의 특성과 상황을 고려하여 상위양감스타일을 디자인할 수 있다.	①	②	③	④	⑤	①	②	③	④	⑤
	2. 나는 업스타일을 위한 사전작업(헤어세트, 드라이, 마샬 웨이브 등)을 할 수 있다.	①	②	③	④	⑤	①	②	③	④	⑤
	3. 나는 다양한 기법을 활용하여 두상 및 업스타일의 볼륨을 창의적으로 연출할 수 있다.	①	②	③	④	⑤	①	②	③	④	⑤
	4. 나는 헤어 싱, 헤어 망, 헤어피스, 헤어액세서리를 활용하여 상위양감을 연출할 수 있다.	①	②	③	④	⑤	①	②	③	④	⑤
크리에이티브 업스타일 진행하기	1. 나는 고객의 특성과 상황을 고려하여 하위양감스타일을 디자인할 수 있다.	①	②	③	④	⑤	①	②	③	④	⑤
	2. 나는 하위양감을 위한 사전작업(헤어세트, 드라이, 마샬 웨이브 등)을 할 수 있다.	①	②	③	④	⑤	①	②	③	④	⑤
	3. 나는 헤어 싱, 헤어 망, 헤어 피스, 헤어액세서리를 활용하여 하위양감을 연출할 수 있다.	①	②	③	④	⑤	①	②	③	④	⑤
	4. 나는 내추럴한 다운스타일로 하위양감을 연출할 수 있다.	①	②	③	④	⑤	①	②	③	④	⑤
크리에이티브 업스타일 마무리하기	1. 나는 헤어스타일링 제품을 사용하여 업스타일을 마무리할 수 있다.	①	②	③	④	⑤	①	②	③	④	⑤
	3. 나는 헤어액세서리와 소품을 활용하여 디자인을 조화롭게 마무리할 수 있다.	①	②	③	④	⑤	①	②	③	④	⑤
	3. 나는 디자인의 균형과 조화를 체크하고 보정할 수 있다.	①	②	③	④	⑤	①	②	③	④	⑤
	4. 나는 헤어액세서리와 피스, 소품을 손질하여 보관할 수 있다.	①	②	③	④	⑤	①	②	③	④	⑤

[진단결과]

진단영역	문항 수	점수	점수 ÷ 문항 수	문항 수	점수	점수 ÷ 문항 수
크리에이티브 업스타일 준비하기	5			5		
크리에이티브 업스타일 진행하기	4			4		
크리에이티브 업스타일 마무리하기	4			4		
합 계	13			13		

※ 자신의 점수를 문항 수로 나눈 값이 '3점'이하에 해당하는 영역은 업무를 성공적으로 수행하는 능력이 부족한 것으로 교육훈련이나 개인학습을 통한 개발이 필요함.

[교수자 피드백]

16th week

실습 사진

헤어액세서리(1)	헤어액세서리(2)
헤어액세서리(3)	헤어액세서리(3)

단원 평가

헤어액세서리 만들기에 대한 장점과 단점 그리고 느낀 점을 쓰시오!

1. 장점

2. 단점

2. 느낀 점

memo

학생 자가진단 및 교수 평가

능력단위명 〈코드〉		크리에이티브 업스타일 〈1201010147_17v4〉									
진단 영역	진 단 문 항	학생 평가					교수 평가				
		매우 미흡	미흡	보통	우수	매우 우수	매우 미흡	미흡	보통	우수	매우 우수
크리에이티브 업스타일 준비하기	1. 나는 고객의 특성과 상황을 고려하여 상위양감스타일을 디자인할 수 있다.	①	②	③	④	⑤	①	②	③	④	⑤
	2. 나는 업스타일을 위한 사전작업(헤어세트, 드라이, 마샬 웨이브 등)을 할 수 있다.	①	②	③	④	⑤	①	②	③	④	⑤
	3. 나는 다양한 기법을 활용하여 두상 및 업스타일의 볼륨을 창의적으로 연출할 수 있다.	①	②	③	④	⑤	①	②	③	④	⑤
	4. 나는 헤어 싱, 헤어 망, 헤어피스, 헤어 액세서리를 활용하여 상위양감을 연출할 수 있다.	①	②	③	④	⑤	①	②	③	④	⑤
크리에이티브 업스타일 진행하기	1. 나는 고객의 특성과 상황을 고려하여 하위양감스타일을 디자인할 수 있다.	①	②	③	④	⑤	①	②	③	④	⑤
	2. 나는 하위양감을 위한 사진직업(헤어세트, 드라이, 마샬 웨이브 등)을 할 수 있다.	①	②	③	④	⑤	①	②	③	④	⑤
	3. 나는 헤어 싱, 헤어 망, 헤어 피스, 헤어액세서리를 활용하여 하위양감을 연출할 수 있다.	①	②	③	④	⑤	①	②	③	④	⑤
	4. 나는 내추럴한 다운스타일로 하위양감을 연출할 수 있다.	①	②	③	④	⑤	①	②	③	④	⑤
크리에이티브 업스타일 마무리하기	1. 나는 헤어스타일링 제품을 사용하여 업스타일을 마무리할 수 있다.	①	②	③	④	⑤	①	②	③	④	⑤
	3. 나는 헤어액세서리와 소품을 활용하여 디자인을 조화롭게 마무리할 수 있다.	①	②	③	④	⑤	①	②	③	④	⑤
	3. 나는 디자인의 균형과 조화를 체크하고 보정할 수 있다.	①	②	③	④	⑤	①	②	③	④	⑤
	4. 나는 헤어액세서리와 피스, 소품을 손질하여 보관할 수 있다.	①	②	③	④	⑤	①	②	③	④	⑤

[진단결과]

진단영역	문항 수	점수	점수 ÷ 문항 수	문항 수	점수	점수 ÷ 문항 수
크리에이티브 업스타일 준비하기	5			5		
크리에이티브 업스타일 진행하기	4			4		
크리에이티브 업스타일 마무리하기	4			4		
합 계	13			13		

※ 자신의 점수를 문항 수로 나눈 값이 '3점'이하에 해당하는 영역은 업무를 성공적으로 수행하는 능력이 부족한 것으로 교육훈련이나 개인학습을 통한 개발이 필요함.

[교수자 피드백]

참고 문헌

1) 국가직무능력표준 https://www.ncs.go.kr/

2) 김환(2013). "열두손가락 업스타일-기술편". 도원출판사.

3) 박은준, 김환, 박정은, 박명희(2018). 'NCS적용 베이직업스타일'. 경기 : 메디시언. p.46-50.

4) 국제헤어디자인연구회(2011). "C,C,C UP STYLE". 청구문화사. p.29.

5) 홍도화, 박기원, 강영이, 김민정, 김진숙, 안영희, 오명숙, 이수진, 한미옥, 홍영희(2006). 미용장개론. 청구문화사. p.154.

6) 이효숙, 권대순, 김은영, 심선녀, 오순숙, 윤수용, 정숙희(2011). "업스타일마스터". 청구문화사. p.94.

7) 신부섭, 심인섭, 고성현, 강갑연, 이부형, 이영미, 강은란(2012). "최신Up & Styling". 광문각. p.32.

8) 고경숙, 윤복연(2009). "UP STYLE DESIGN". 청구문화사. p.69.

9) 노정애(2005). "Hair setting & Up style". 훈민사. p.110.

10) 김환(2013). "열두손가락 업스타일-형의 비밀편". 도원출판사.

찾아 보기

ㄱ

광택제 29

ㄴ

내부특성 21

ㄷ

다운 업스타일 94
도넛 싱 40
두정부 68

ㄹ

롤 피스 111
루즈꼬기 97

ㅁ

망 38, 41
미니롤 53

ㅂ

바깥말음 55
뱅 56
볼륨 31
빽콤 48

ㅅ

사이드 볼륨 33
삼각 베이스 66
삼각형 싱 40
상위 스타일 42
샤기(shaggy) 32
세임 레이어(same layer) 42
스프레이 28
슬리크(sleek) 32
시뇽 41
실루엣 39
싱 38

ㅇ

아이론 26
양감 패턴 43
업스타일 20
외부특성 20

ㅈ

자연텐션 91
전기 세팅기 26
질감 34

ㅋ

크라운 50, 66
크리에이티브 업스타일 10

ㅌ

타원형 싱 40
텐션 68

ㅍ

프런트 디자인 36
프런트 볼륨 32
프런트의 와인딩 36
핀셋 27

ㅎ

하위 스타일 43
한국형배농테라피 10
햄라인 48
헤어액세서리 111
헴라인 31

Index

B.P 42
E·G·E 48
G.P 42
N.P 60
U핀 114

CRATIVE UP STYLE

NCS 적용교육

크리에이티브 업스타일

2018년 12월 20일 초판 인쇄
2018년 12월 25일 초판 발행

저 자 박은준 · 김 환 · 박정은 · 박명희
김선희 · 김홍희 · 김성숙 · 김혜정
문금옥 · 왕혜자 · 이숙자 · 이영미

발행인 주병오·주민기

발행처 메디시인

주 소 경기도 파주시 회동길 209
파주출판문화도시
영업팀 (031) 955 – 7566 · 7577
편집디자인팀 (031) 955 – 7731
F A X (031) 955 – 7730
홈페이지 www.ji-gu.co.kr
전자우편 jigupub@hanmail.net
등록번호 2005년 2월 16일 제 406–2005–000045호

ISBN 979–11–86739–75–4 값 25,000원

※ 이 책은 (주)지구문화가 저작권자와의 계약에 따라 발행한 것이므로 본사의 서면 허락 없이는 어떠한 형태나 수단으로도 이 책의 내용을 이용할 수 없습니다.
※ 잘못된 책은 구입처에서 교환해 드립니다.